野餐、早餐、便當及派對宴客的最亮麗餐點！

6種健康油 做出超好吃飯糰

神田依理子

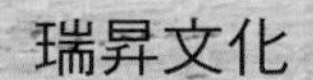

瑞昇文化

序言 ～「油飯糰」讓您更美更健康！～

試著在平常的飯糰中加入具有口感豐富的食用油（oil）吧！
只需多此一個步驟就可以做成油飯糰！

——為什麼向大家推薦油飯糰呢？
「添加食用油後，味道更醇厚。」
「比普通飯糰更具飽足感，更耐餓。」
「輕鬆攝取體內無法生成的營養素。」
「結合各種油品的特徵製成的食譜，對健康與美容很有幫助。」
隨便舉例就有這麼多好處喔！
而且只要有食用油就可以做成的簡單食譜，
早午晚餐、便當、派對、聚餐等，
在各種場合肯定都是相當活躍的。

用這些新型飯糰
「獎勵」自己的身體吧！

Contents

使用芝麻油製成的油飯糰

使用菜籽油製成的油飯糰

使用橄欖油製成的油飯糰

使用亞麻仁油製成的油飯糰

使用椰子油製成的油飯糰

使用紫蘇籽油製成的油飯糰

本書的使用方法

A 圖示

本書為各個食譜標示建議使用場合的圖示。
各圖示的說明如下：

… 可放入便當盒攜帶！

… 建議於派對等聚會時使用

… 也可以作為下酒菜的飯糰

… 深受孩子喜愛的飯糰

… 份量十足！不需其他菜餚也可以大滿足！

B 菜名

以文字介紹飯糰名稱及該飯糰的簡單特徵。

C 材料

主要標示了1碗米飯能夠使用的材料（大概可捏成2~4個飯糰）。此外，使用飯鍋的食譜，以方便飯鍋烹煮的1~2量杯的米量為準（可以捏8個飯糰）。
材料以「g」或「1/4個」等標示，淺顯易懂又一目了然。需預先準備的事項標記在材料的旁邊，或在下方以（ ）標記，省略了「洗」、「削皮」等，簡單易懂。此外，一大匙=15cc、1小匙=5cc。

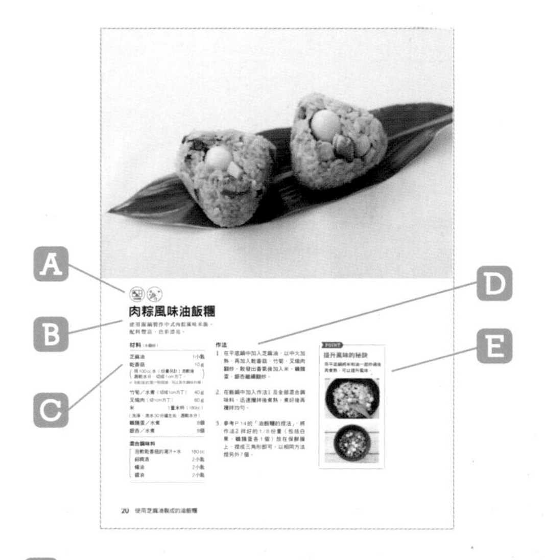

D 作法

本書食譜按順序以2~4步驟即可完成。此外，微波爐是以600W為基本來標記時間。使用烹調家電時，請按照使用說明書操作，避免燙傷或受傷。

E 重點（POINT）

標記油品的特徵、美味的秘訣等。

使用對身體有益的食用油吧！

油飯糰的重點在於使用健康及美容效果很高的油品。
接下來為您介紹本書中所使用的油品並探討其攝取方式。

想要徹底從食用油中獲得健康效果，重要的是要保持與食材的平衡！

為了激發出食用油的健康效果，比起單獨攝取油品，與各式食材組合後捏成飯糰更為理想。本書將為您介紹飯糰食譜，這些食譜以對身體更有益的形式，充分考慮了如何攝入油品成分。不過，雖然堅持攝取對身體有益的油品非常重要，但也不能只是執著於油品。基本的原則是與其一直從同一種食物中攝取，還不如「從各種食材、油品中均衡攝取營養」。

本書的飯糰使用的全都是來源於植物的油品，大部分油品本身就含有維生素。維生素分為水溶性（容易溶於水中）和脂溶性（容易溶於油中）兩種。水溶性維生素有維生素B群、維生素C等，脂溶性維生素有維生素A、D、E、K。此外，肉類、魚類、蔬菜等各種食材中含有的脂溶性維生素，如果與食用油一起攝取的話，更容易被身體吸收。

簡單來說就是紅蘿蔔中含有的脂溶性維生素（維生素A），比起直接生吃，還是和食用油一起炒過更容易被身體吸收。

在食用油的幫助下可以從食材中激發出有效成分，這樣思考的話就會改變之前認為「食用油」=「對健康無益處？」的觀念吧？

油飯糰
添加油品的好方法

有很多種方法可以將對身體有益的油品加入飯糰中攝取。
在此為您介紹本書推薦的5種方法。

Case1
加入米飯中拌勻

將油混入米飯中後再捏成飯糰。這是本書最標準的作法。為了讓油和所有米飯混合均勻，需要使用剛從飯鍋中取出的溫熱米飯喔！此外，也可以在（煮米飯時）直接將油撒在吸收過水分的米粒上。

Case2
加入配料中

將油加入飯糰的配料中。可以用來提味，也可以讓水分不易滲出，因此具有防止米飯沾手的效果。

Case3
炒的時候加入

在炒配料或米飯時加入油。有些需要提味的食譜，也會分兩次加入油。

Case4
讓海苔吸收油

將油淋在海苔上，讓海苔吸收油也是提味的方法之一。此外也可以讓海苔更濕潤，比較好包捲。

Case5
最後完成時淋一些

這是在提味方面最有效果的方法。在捏好的飯糰上淋上數滴油即可。要注意不要淋太多，否則會太油膩。

總結

如上所述，只需簡單的方法就可以攝取到對身體有益的油。請務必試看看喔！

油飯糰所使用的 油品一覽

「對身體有益、不會妨礙食材原味、美味」
「在大賣場等處即可輕鬆購入」
基於以上理由，本書主要使用6種油。
接下來為您一一介紹各種油品的優點。
也許會顛覆您以往對油的認知喔！

芝麻油
goma abura

備受矚目的「芝麻素（sesamin）」，具有抗老化及預防生活習慣病之效！

芝麻油是大家比較熟悉的一種油品，將白芝麻烘烤後加工製成，芳香四溢。含有豐富的維生素E營養素，具有抗氧化作用。還含有近來備受關注的「芝麻素（sesamin）」。芝麻素是芝麻木酚素的成分之一，具有抑制活性氧（若其含量增加會對身體造成不良影響）作用的效果，活性氧被認為是人體「生鏽」及老化的主要原因。芝麻油具有預防生活習慣病及動脈硬化、減少血液中的膽固醇值等效果。此外，可以提高肝功能，對宿醉也有效，還可以促進新陳代謝。

Kind of oil 油的種類

一般被大家所熟知的芝麻油依據製法不同，可分為3大類。「烘烤」芝麻油香氣較強，呈濃茶色；「低溫烘烤」芝麻油具有如威士忌般的顏色，香氣更溫和；「冷壓白芝麻油」則無色透明，香氣及澀味偏淡。此外，也有以講究的榨取方法製成的芝麻油，種類之多甚至讓人不知如何選擇。

goma abura

Cooking method 調理方法

想要讓菜餚更濃郁時，可在加熱過程中加入。想要為菜餚提味時，在最後淋一點上去即可。

One point 重點

本書中使用的芝麻油為最普遍的低溫烘烤型。適度的香氣及醇厚口感能為菜餚帶來完美的味覺平衡。

油品 No.2

菜籽油

natane abura

具有減少低密度脂蛋白膽固醇（LDL-C）的功能
含有大量油酸

菜籽油的澀味較少，不論加熱烹飪還是直接食用都可。直接食用的菜籽油也有可以像沙拉醬料一樣使用的。含有的主要脂肪酸為大量油酸。其作用是可以讓低密度脂蛋白膽固醇（LDL-C）不會黏在血管內側，因此可以預防動脈硬化及心臟病。也有促進腸道蠕動，發揮消除便秘的功效。此外，菜籽油含有大量維生素K，可幫助鈣質沉積在骨頭上，具有生成結實骨頭的作用，藉此幫助預防骨質疏鬆症、骨折等。

Knowledge 知識

基本上菜籽油是耐加熱的油品，因此適合炒菜及油炸等料理。常溫也不會凝固。

Kind of oil 油品種類

菜籽油來源於油菜花的種子，是主要從油菜中榨取的植物油脂之一。

One point 重點

據說過量攝取「芥酸」會對身體有害，因此近年開發出了幾乎不含芥酸的品種。

natane abura

為了讓身體攝取合理的油量，以1茶匙（1小匙左右）為標準較為理想。

橄欖油

olive oil

攝入體內後
具有調整腸道功能的效果

本書使用的是特級冷壓初榨橄欖油。其含有的大量成分中，70％以上是不飽和脂肪酸——油酸。同時具有既可以減少低密度脂蛋白膽固醇（LDL-C），又不會減少高密度脂蛋白膽固醇（HDL-C）的效果。此外，橄欖油耐加熱，即使用來油炸或煎炒也可以保持上述功效。可以促進腸道蠕動，因此能夠調整腸道功能。此外，還具有抑制胃酸分泌的作用。除了保持血液通暢外，防止動脈硬化的效果也令人期待。

油品種類

冷壓初榨橄欖油是指第一道壓榨的油。其中，油酸值（自由脂肪酸的比例）低於0.8％且味道和風味調和最平衡的橄欖油才可稱為「特級冷壓初榨橄欖油」。

Knowledge 知識

日本國內量販店能夠買到的橄欖油分為「純橄欖油」和「特級冷壓初榨橄欖油」兩種。「純橄欖油」是精製橄欖油和初榨橄欖油的混合物。與特級冷壓初榨橄欖油相比，其最大的特徵是香氣較少，較醇厚，價格也更便宜，因此大多用在方便加熱的調理方式中。本書推薦使用「特級冷壓初榨橄欖油」，與純橄欖油相比，它的香氣和風味更平衡，含有更多油酸。此外，大部分人可能以為純橄欖油是「加熱用」的，而特級冷壓初榨橄欖油是「直接食用」的，但其實後者也耐氧化，因此也適合加熱調理用。

olive oil

One point 重點

就像紅酒一樣，橄欖油的顏色、香氣、味道會因產地、時期不同而不同。最近市面上也出現了日本國內產的橄欖油。

亞麻仁油

amani yu

含有大量人體內無法生成的α-亞麻油酸

這是從成熟的亞麻種子獲得的油品。基本上可以直接食用，含有豐富的α-亞麻油酸，這是人體不可或缺的脂質、必需脂肪酸之一，可以幫助人體減少低密度脂蛋白膽固醇(LDL-C)，提高免疫力。而且具有保持血液通暢的效果，除了可以預防動脈硬化、腦細胞活性化、心臟病等生活習慣病之外，還可以預防異位性皮膚炎及花粉症等過敏症狀，對緩和憂鬱症、更年期症狀、PMS(經前症候群)等也能發揮作用。

Knowledge 知識

非常容易被氧化，因此不適合用來油炸或炒菜等高溫加熱烹飪，不過淋在剛煮好的米飯上是沒有問題的。

amani yu

Preservation method 保存方法

亞麻仁油容易被氧化，因此需要避免保存在日光直射處。此外，接觸空氣也會加速氧化，因此開封後需要於冰箱內密閉保存，並盡可能在3週內使用完畢。

One point 重點

含有與女性荷爾蒙十分相似的植化素(phytochemicals)──「木酚素」(lignan)，能夠幫助調整荷爾蒙平衡。這個效果能讓女性保持美麗與健康，因此使用的人數逐漸增加。

椰子油

coconut oil

瘦身效果成為一大話題 好萊塢名媛也愛用!?

指的是從椰子種子內部的胚乳提取出的油。中鏈脂肪酸（MCT）含量約50%，不會作為脂肪儲存在身體內，發揮更有效率的能量代謝效果，作為適合瘦身的油品而人氣不斷高漲。此外，此脂肪酸會幫助身體改善胰島素分泌，因此也具有預防糖尿病及阿茲海默症（AD）的效果。而且，椰子油具有大量殺菌作用及可以促進新陳代謝的礦物質及維生素類，還擁有美肌效果及守護肌膚不受有害紫外線傷害的防曬功能。

Kind of oil 油品種類

分為椰子油及冷壓初榨椰子油兩大類。通常作為食用油而在大賣場等處流通的是後者。採用無精製、無添加、非加熱提取製法製成，不會破壞對健康有效的成分。因此，本書使用冷壓初榨椰子油作為食用油。

Anti-aging 抗衰老

由椰子油含有的中鏈脂肪酸（MCT）生成的酮體具有將活性氧無害化的作用，活性氧是導致老化的原因，因此椰子油還具有抗老化效果。

coconut oil

在氣溫的影響下（大約25℃左右），會從固體變成液體。冬天一般為固體狀，因此可以用湯匙取出，再加入料理中。

One point 重點

椰子油中含有的月桂酸是中鏈脂肪酸之一，擁有很強的殺菌力，具有預防牙周病及口臭的效果。

紫蘇籽油

egoma abura

**每天只需攝取
一茶匙（約1小匙）
即可獲得絕佳的抗衰老效果**

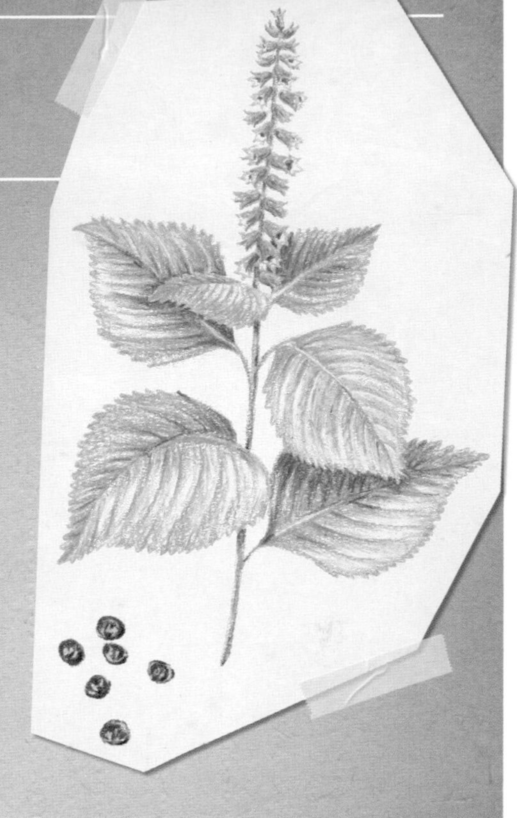

是從唇形科植物的種子獲得的油品。無紫蘇的風味、無臭無味、口感淡雅，最適合用來製作油飯糰。紫蘇籽油內含有的α-亞麻油酸是人體內無法生成的必需脂肪酸，屬於Omega- 3（ω-3）系列的脂肪酸。Omega 3（ω-3）脂肪酸是當代日本人缺少的成分，需積極攝取。該成分簡直就像萬能藥一般，具有讓血液通暢、減少腸內壞菌、排出老舊廢物、預防失智症、改善憂鬱症、回復視力等功效。此外，α-亞麻油酸生成的前列腺素、迷迭香酸及木犀草素具有抑制過敏的功效，這些也備受矚目。該油品易氧化，因此建議不要加熱使用，不過淋在剛煮好的米飯上來說並無問題。

Knowledge 知識

從繩紋時代的遺跡中發現了紫蘇種子，說明在日本國內自古以來就一直食用紫蘇種子。

Kind of oil 油品種類

市售的紫蘇籽油分為生榨及焙煎後再榨兩種，基本上成分是一樣的。只是焙煎過的油品比生的香氣更強烈，更適合用來增加風味。

Beauty 美容

日本厚生勞動省規定α-亞麻油酸等脂質的標準攝取量為1日約2g（據2015年報告）。具體來說就是每天1茶匙（約1小匙）即可讓血管「返老還童」。

油飯糰的美味作法

將為您介紹油飯糰的作法（捏法）以及更美味的秘訣。

point 1

讓米充分吸收水分

洗淨米後讓米充分吸收水分30～60分鐘。透過吸收水分，水分會浸透入米的中心，能夠煮出熟透的美味米飯。

point 2

米飯要趁熱拌勻

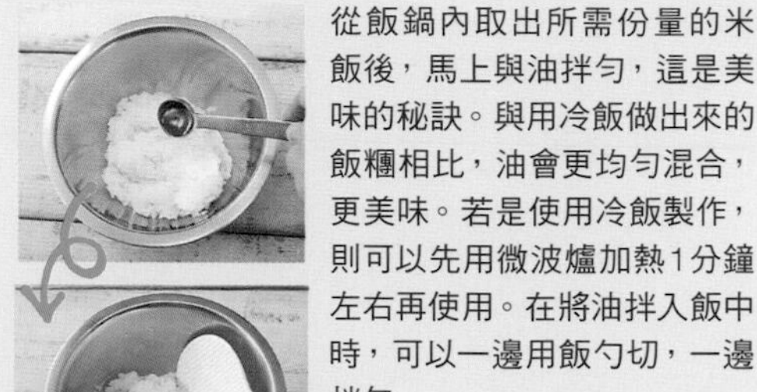

從飯鍋內取出所需份量的米飯後，馬上與油拌勻，這是美味的秘訣。與用冷飯做出來的飯糰相比，油會更均勻混合，更美味。若是使用冷飯製作，則可以先用微波爐加熱1分鐘左右再使用。在將油拌入飯中時，可以一邊用飯勺切，一邊拌勻。

point 3

放入便當盒時使用保鮮膜包覆

油會使得飯糰表面黏糊，因此裝入便當盒時，可以使用保鮮膜包覆起來。推薦用彩色的絲帶或封口鐵絲等綁起來，外觀也會很可愛喔！

油飯糰的捏法

若直接用手捏加入了油的米飯（油米飯）會黏手，不容易捏。為了不弄髒手且捏地很結實，可以使用保鮮膜，非常方便。

三角形飯糰的捏法

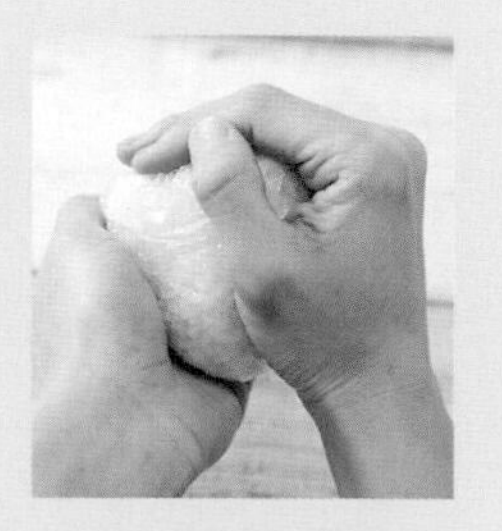

將油米飯鋪在保鮮膜上，包覆起保鮮膜，用雙手一邊旋轉一邊將飯捏成三角形。

球狀飯糰的捏法

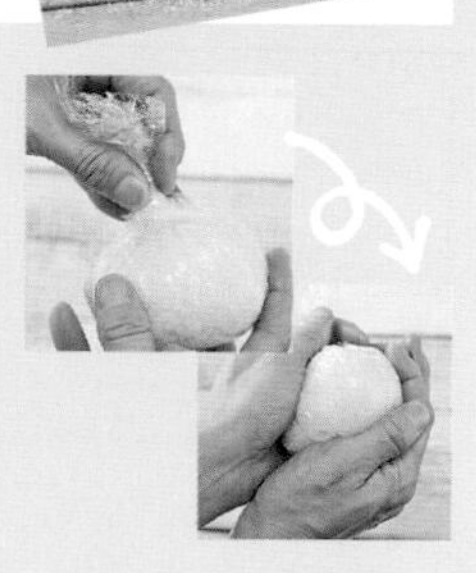

將油米飯鋪在保鮮膜上，抓住保鮮膜上方轉緊，沿著米飯的表面捏成球狀。

扁圓形飯糰的捏法

前面的捏法與右上方的「球狀飯糰」一樣，之後將球狀飯糰上下輕輕壓扁一些即可。

俵型（粗短圓柱體）飯糰的捏法

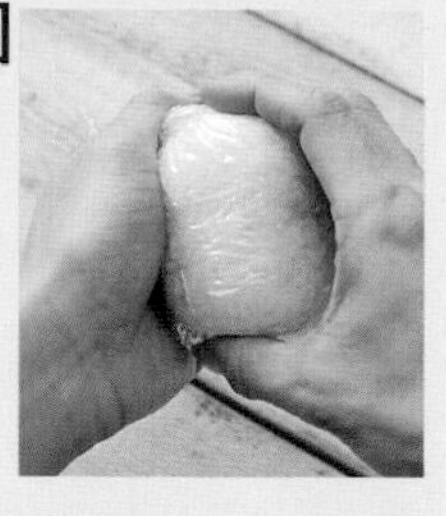

前面的捏法與上圖「球狀飯糰」一樣。之後將球狀飯糰以單手捏成「ㄈ」字型，再以另一隻手一邊擠壓一邊捏成型。

point

讓飯糰表面更漂亮

使用保鮮膜捏飯糰的話，有時飯糰的表面會捲入保鮮膜而變得凹凸不平。可以捏到一定程度之後，像圖中一樣將保鮮膜打開一次，重新包覆，這樣會讓飯糰更漂亮。

包配料

要包配料時，在保鮮膜上先鋪上油米飯，再將配料放在米飯的上半部以上，抓住保鮮膜的兩端，用米飯將配料包覆起來捏成飯糰。

放配料

將配料放在飯糰上時，可從保鮮膜上方用手指在中心部分戳一個凹洞。

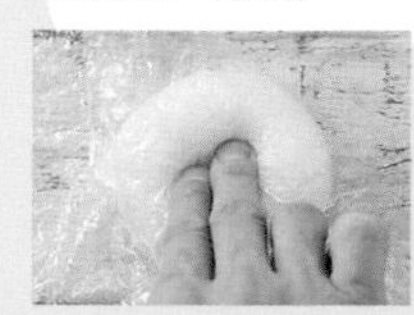

棒狀油飯糰的捏法

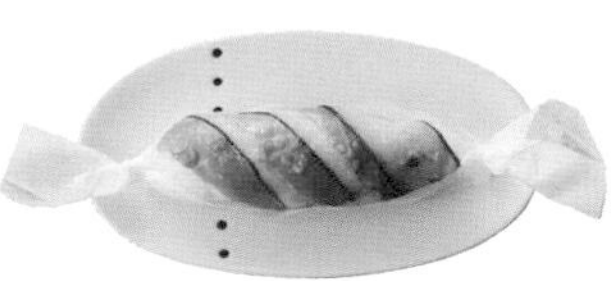

1 在保鮮膜上放上油米飯，合上保鮮膜後用雙手將其捏成筒狀。

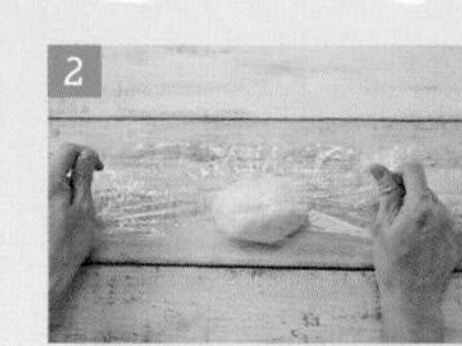

2 將保鮮膜展開，重新包好。

3 將保鮮膜兩端轉緊，用單手搓揉成圓柱狀。

4 將保鮮膜兩端轉緊，再次重複3的搓揉動作，將其搓揉至10~12cm長。

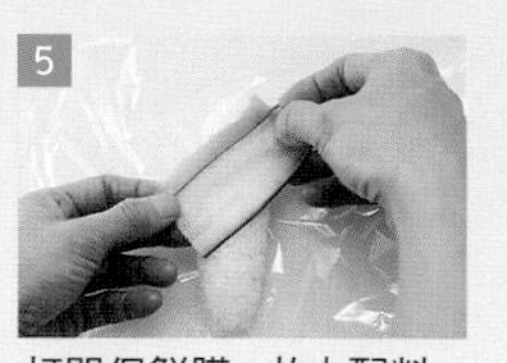

5 打開保鮮膜，放上配料。

6 重新用保鮮膜包覆好，讓配料和棒狀油飯糰更貼緊。

point

放上配料重新包覆時，若換上新的保鮮膜，可以讓表面更漂亮。

「免捏飯糰」的方法

裝盛方法

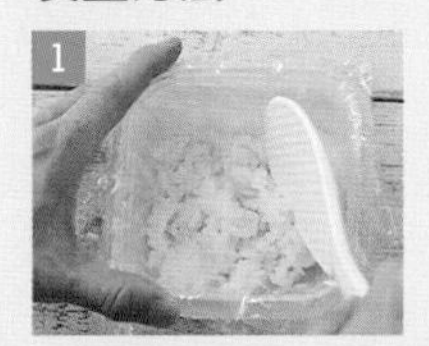

1 在保鮮盒中鋪上保鮮膜，再裝入一半油米飯。

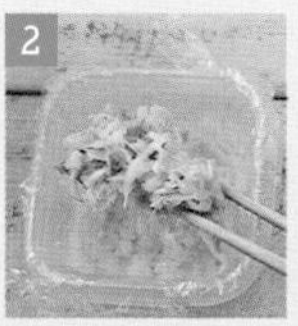

2 將配料均勻鋪在米飯上，再以焙煎刮刀等按壓。

3 鋪上剩下的油米飯，以飯勺按壓。

包覆方法

4 在保鮮膜上鋪上海苔，將作法3的保鮮盒倒過來，如照片所示放置。

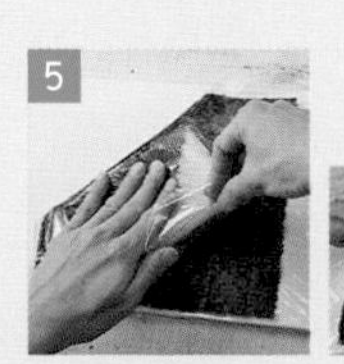

5 將海苔包覆在米飯上（側面如同右側照片所示摺疊）。

6 用保鮮膜包覆，靜置5分鐘使其貼緊，再用刀從正方形的中心切開。

point

本書使用的是寬11.2cm×深11.2cm×高5.4cm的保鮮盒。若無保鮮盒的話，可如下圖所示，將油米飯相對於海苔鋪成菱形，再在其上鋪上配料，塑型後再用海苔包覆起來。

關於海苔

本書使用了各種形狀的海苔，諸如將全形（21×19cm）海苔切開後捲起、包覆等。此時用表面粗糙的那面來包油米飯。「免捏飯糰」是直接使用全形海苔，其他油飯糰的海苔捲法可隨意。本書介紹的捲法只是提供一個參考範例，可以依據自己的喜好來捲。

全形 「免捏飯糰」

4等分 捲成V字型時

6等分 包覆在外側時

8等分 包覆在中心時

將米飯鋪在表面粗糙的一面上。

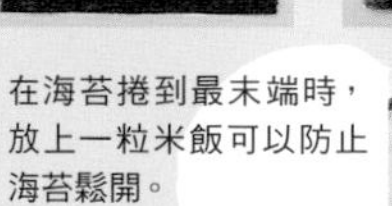

point

在海苔捲到最末端時，放上一粒米飯可以防止海苔鬆開。

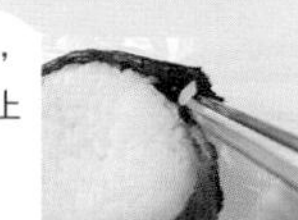

oil onigiri_goma abura

使用芝麻油 製成的油飯糰

說起芝麻油，大部分的人可能會浮現出中華料理或韓國料理中經常使用的印象，
但其實芝麻油是與日式料理也很好搭的油品。
接下來為您介紹具有能夠刺激食慾的芝麻油香氣的飯糰。

梅子果乾油飯糰

梅子的風味與芝麻油十分對味。
是一款口感清爽的飯糰。

材料（2個份）

溫熱米飯	150g（1碗份）
芝麻油	1小匙
鹽巴	少許
梅子果乾（去籽，搗碎）	1個
烤海苔（將全形切成8等分）	2片

作法

1. 在碗中放入溫熱米飯、芝麻油、鹽巴攪拌均勻，再加入梅子果乾輕輕拌勻。
2. 參考P. 14的「油飯糰的捏法」，將作法1的一半份量放在保鮮膜上，捏成三角形，捲好海苔即可。以相同方法捏另一個。

POINT

梅子果乾搗碎方便食用

為了方便食用，可用湯匙將梅子果乾搗碎。也建議您與梅子果乾一起加入小黃瓜、醬油、芝麻油做成配料。此時先加入芝麻油比較好，因為這樣可以防止小黃瓜水分滲出。

柴魚醬油油飯糰

在經典的柴魚醬油香氣內
再添加芝麻油的風味。

材料（2個份）

溫熱米飯	150g（1碗份）
芝麻油	1小匙
醬油	1/2小匙
柴魚片	2g
熟白芝麻	1小匙
烤海苔（將全形切成4等分）	2片

作法

1. 在碗中放入溫熱米飯、芝麻油攪拌均勻，再加入醬油、柴魚片、熟白芝麻拌勻。
2. 參考P. 14的「油飯糰的捏法」，將作法1的一半份量放在保鮮膜上，捏成三角形，捲好海苔即可。以相同方法捏另一個。

POINT

出人意外的美味椰子油

配料簡單的柴魚醬油與本書使用的其他幾種油品也很好搭。其中最推薦的是椰子油。加入椰子的風味一下就改變了「日式」的形象。形成頗具民族風特色的美味。

蘘荷油飯糰

將一般被作為辛香配料使用的蘘荷加入配料中製成的簡單飯糰。

材料（2個份）

溫熱米飯	150g（1碗份）
芝麻油	1小匙
鹽巴	少許
白芝麻粉	1小匙
蘘荷（切細絲後用水浸泡）	1/2個

作法

1. 在碗中放入溫熱米飯、芝麻油、鹽巴攪拌均勻，再加入白芝麻粉、蘘荷拌勻。
2. 參考P. 14的「油飯糰的捏法」，將作法1的一半份量放在保鮮膜上，捏成三角形即可。以相同方法捏另一個。

POINT

將蘘荷用水浸泡去除苦味

蘘荷經過水浸泡後可以去除苦味，更容易食用。浸泡時間約為30秒左右。記得將蘘荷上附著的水分去除乾淨後再加入油米飯中喔！這樣捏出的飯糰才不容易腐壞。

火腿榨菜油飯糰

顆粒狀的火腿與榨菜是一大亮點。
是一款充分發揮了鹹味的飯糰。

材料（2個份）

溫熱米飯	150g（1碗份）
芝麻油	1小匙
榨菜（切成5mm方丁）	20g
火腿（切成1cm方丁）	1片

作法

1. 在碗中放入溫熱米飯、芝麻油攪拌均勻，再加入榨菜拌勻。待餘熱褪去後，加入火腿繼續拌勻。
2. 參考P.14的「油飯糰的捏法」，將作法1的一半份量放在保鮮膜上，捏成球狀即可。以相同方法捏另一個。

POINT
要特別注意鹹度

榨菜本身含有較多鹽分，因此油米飯內先不加鹽，待試味道後若鹹度不夠再加入適量鹽巴。

小魚乾生薑油飯糰

先將材料炒過後捏成的油飯糰。
秘訣是醬油的焦香。

材料（2個份）

溫熱米飯	150g（1碗份）
芝麻油	1小匙
生薑（去皮切細絲）	5g
小魚乾	8g
竹輪（先豎切一半，再橫過來切成5mm寬）	1/2條
醬油	1/2小匙

作法

1. 在碗中放入溫熱米飯、芝麻油攪拌均勻。
2. 在平底鍋中加入芝麻油（1小匙，份量另計）、生薑，轉小火加熱，等散發出香氣後，加入小魚乾、竹輪，轉中火翻炒。
3. 加入作法1繼續翻炒後，再加入醬油，等稍微有點焦香後全部拌勻。
4. 參考P.14的「油飯糰的捏法」，將作法3的一半份量放在保鮮膜上，捏成三角形即可。以相同方法捏另一個。

POINT
醬油焦香的時間

將醬油加入至平底鍋中心，沸騰2～3秒左右後，全部攪拌均勻。

韓式海苔鮭魚油飯糰

用油與韓式海苔對平日的鮭魚飯糰進行改造。
連孩子都好入口的滋味。

材料（2個份）

溫熱米飯	150g（1碗份）
芝麻油	2小匙
鮭魚碎片	1又1/2大匙
白芝麻	1小匙
韓式海苔／5×10cm	2片
鹽巴	少許

作法

1. 在碗中放入溫熱米飯、芝麻油攪拌均勻，再加入鮭魚碎片、白芝麻，一邊撕碎一邊加入韓式海苔拌勻，再以鹽巴調味。
2. 參考P.14的「油飯糰的捏法」，將作法1的一半份量放在保鮮膜上，捏成三角形。以相同方法捏另一個。

POINT

韓式海苔的鹽分及含油量

不同品牌的韓式海苔的鹽分及含油量各有不同，因此可先品嘗味道，再調整加入飯糰內的鹽巴及油的用量。

酪梨泡菜油飯糰

在酪梨泡菜中加入了番茄，
清爽可口。

材料（2個份）

	酪梨（切成1cm方丁）	1/2個
	泡菜	50g
	番茄（切成1cm方丁）	1/2個
A	芝麻油	2小匙
A	白胡椒	少許
	溫熱米飯	150g（1碗份）
	芝麻油	1小匙
	鹽巴	少許
	烤海苔（將全形切成6等分）	2片

作法

1. 在碗中放入酪梨、泡菜、番茄、A，拌勻，靜置10分鐘左右。
2. 在另一個碗中加入溫熱米飯、芝麻油、鹽巴攪拌均勻。
3. 參考P.14的「油飯糰的捏法」，將作法2的一半份量放在保鮮膜上，捏成三角形，將中心按壓一個凹洞，放上適量作法1，再捲好海苔即可。以相同方法捏另一個。

POINT

配料不必全部用完

無需將配料全部放在飯糰上。剩餘配料可放在冰箱保存2日左右。酪梨拌泡菜加入沙拉中也很美味喔！

肉粽風味油飯糰

使用飯鍋製作中式肉粽風味米飯。
配料豐富，色彩漂亮。

材料（8個份）

芝麻油	1小匙
乾香菇	10g
（用100cc水（份量另計）泡軟後瀝乾水分，切成1cm方丁。）	
※泡軟後的湯汁別倒掉，可以用作調味料喔！	
竹筍／水煮（切成1cm方丁）	40g
叉燒肉（切1cm方丁）	60g
米	1量米杯（180cc）
（洗淨，泡水30分鐘左右，瀝乾水分）	
鵪鶉蛋／水煮	8個
銀杏／水煮	8個

混合調味料

泡軟乾香菇的湯汁＋水	180cc
紹興酒	2小匙
蠔油	2小匙
醬油	2小匙

作法

1. 在平底鍋中加入芝麻油，以中火加熱，再加入乾香菇、竹筍、叉燒肉翻炒。散發出香氣後加入米、鵪鶉蛋、銀杏繼續翻炒。
2. 在飯鍋中加入作法1及全部混合調味料，迅速攪拌後煮熟。煮好後再攪拌均勻。
3. 參考P.14的「油飯糰的捏法」，將作法2拌好的1/8份量（包括白果、鵪鶉蛋各1個）放在保鮮膜上，捏成三角形即可。以相同方法捏另外7個。

POINT

提升風味的秘訣

用平底鍋將米和油一起炒過後再煮熟，可以提升風味。

鹹甜炒牛肉玉子燒油飯糰

鹹甜炒牛肉與油米飯十分對味！
類似壽司的外觀及滿滿的份量感，也非常適合派對！

材料（2個份）

薄切牛肉		50g
A	砂糖	1小匙
	酒	1小匙
	醬油	1/2小匙
	味醂	1/2小匙

溫熱米飯 150g（1碗份）
芝麻油 1小匙
鹽巴 少許
玉子燒 1個
（在碗中加入雞蛋1個、鹽巴少許（份量均另計）攪勻，在平底鍋中加入1小匙菜籽油（份量另計）以中火加熱，煎成玉子燒，切半。）
小黃瓜 4片
烤海苔 2片
（將全形切成6等分）

作法

1. 在平底鍋中放入芝麻油（1小匙，份量另計）以中火加熱，加入牛肉稍微變焦黃色後加入A，使牛肉都沾滿醬汁後關火。
2. 在碗中加入溫熱米飯、芝麻油、鹽巴攪拌均勻。
3. 參考P.14的「油飯糰的捏法」，將作法2的一半份量放在保鮮膜上，捏成俵型（粗短圓柱體），將上方稍微壓平，按照順序放上1/2個玉子燒、作法1的一半份量、2片小黃瓜，再捲好海苔即可。以相同方法捏另一個。

POINT

海苔的捲法

配料有些多，所以您可能會覺得海苔比較難捲，建議可以一邊輕輕按壓住在上方的配料一邊捲，這樣就可以包捲地很漂亮了。

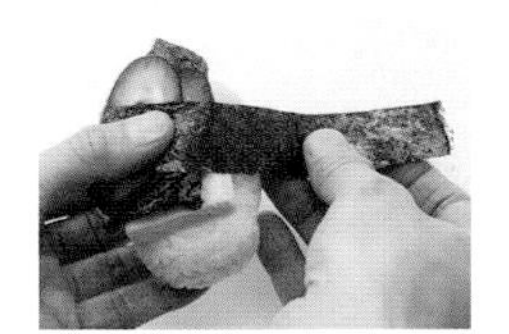

雞肉煮山椒油飯糰

大塊雞肉頗具視覺衝擊力！
濃濃中式風味的煮米飯。

材料（8個份）

雞腿肉（去除多餘水分、脂肪，切成1.5×5cm大小的塊。）		200g
鹽巴		1/4小匙
Ⓐ	蠔油	1大匙
	紹興酒	1大匙
	醬油	2小匙
	芝麻油	2小匙
	砂糖	1小匙
米（洗淨，浸泡30分鐘左右，瀝乾水分。）		2杯米量（360cc）
Ⓑ	水	350cc
	雞粉	2小匙

※Ⓑ需要事先放入器皿內拌勻溶化。

蔥白（斜切成1cm寬）	1根
花椒粒／水煮	1大匙

作法

1. 在碗中加入雞肉、鹽巴揉搓，再加入Ⓐ醃漬10分鐘左右。
2. 在飯鍋中加入米及Ⓑ，再加入作法1中包括湯汁在內的全部材料。放上大蔥，撒上花椒粒後煮熟。煮熟后攪拌均勻。
3. 參考P.14的「油飯糰的捏法」，將作法2拌好的1/8份量放在保鮮膜上，捏成三角形即可。以相同方法捏另外7個。

POINT

使用芝麻油預先調味可大大提升風味

使用芝麻油對雞肉進行預先調味，煮熟的米飯更具風味。醃漬好的雞肉與湯汁一起加入飯鍋中吧！

蔥香味噌煎油飯糰

蔥香味噌與煎油飯糰的結合使得效果加倍，
是一款香氣濃郁的絕品飯糰。

材料（2個份）

溫熱米飯	150g（1碗份）
芝麻油	1小匙
鹽巴	少許

蔥香味噌

調和味噌	1大匙
熟白芝麻	1/2小匙
黍砂糖	1/2小匙
酒	1/2小匙
青蔥（切碎末）	1根

作法

1. 在碗中加入溫熱米飯、芝麻油、鹽巴拌勻。
2. 參考P.14的「油飯糰的捏法」，將作法1的一半份量放在保鮮膜上，捏成扁圓形。以相同方法捏好另外一個後，在平底鍋中加入芝麻油（1小匙，份量另計）以中火加熱，放入飯糰煎至兩面略微金黃。
3. 在碗中加入所有蔥香味噌的材料並拌勻，然後塗抹適量在作法2的上面，再放入煎魚燒烤盤中，以中火烤5分鐘左右，烤至金黃色即可。

POINT

飯糰的煎法

在平底鍋中加入芝麻油充分加熱後，再將油飯糰煎至兩面略微金黃。

豬肉鹿尾菜煮物油飯糰

模仿沖繩鄉土料理JUSHI（沖繩風什錦燴飯）製成的飯糰。

材料（2個份）

豬肉鹿尾菜煮物（方便製作的份量）

	芝麻油	1小匙
	豬腿肉（切5mm寬）	40g
A	紅蘿蔔	20g
A	牛蒡	20g
A	鹿尾菜芽（用水（份量另計）泡軟，瀝乾水分）	10g
B	日式高湯	300cc
B	砂糖	2小匙
B	酒	2小匙
C	醬油	2小匙
C	味醂	1小匙

溫熱米飯	150g（1碗份）
芝麻油	1小匙
鹽巴	少許

作法

[1] 豬肉鹿尾菜煮物

在鍋中加入芝麻油以中火加熱，加入豬肉翻炒，加入Ａ繼續翻炒。加入Ｂ蓋上鍋蓋煮5分鐘左右後，再加入Ｃ繼續煮10分鐘左右。等餘熱散去後，取50g（瀝乾湯汁）作為配料使用。

[2] 捏油飯糰

1. 在碗中加入溫熱米飯、芝麻油、鹽巴拌勻，然後加入[1]的豬肉鹿尾菜煮物（50g）拌勻。
2. 參考P.14的「油飯糰的捏法」，將作法1的一半份量放在保鮮膜上，捏成三角形即可。以相同方法捏好另一個。

POINT

也可以使用市售的豬肉鹿尾菜煮物

如果沒有時間自己煮的話，使用市售的豬肉鹿尾菜煮物也OK。使用市售品的時候，加在溫熱米飯上的芝麻油多增加約1/2小匙的話會更具風味喔！

清蒸雞肉棒狀油飯糰

淋上鹹味醬汁食用的一款絕品飯糰。口味清爽。

材料（2條份）

溫熱米飯	150g（1碗份）
芝麻油	1小匙
鹽巴	少許
小黃瓜（切斜薄片，再縱向切半）	6片
清蒸雞肉	1/2條份

（在耐熱容器中加入已經去除筋骨的雞胸肉1/2條，再撒鹽巴少許、酒1小匙（份量均另計），蓋上保鮮膜放入微波爐加熱1分鐘。待餘熱散去後斜切成5mm厚。）

鹹味醬汁

醋	1/2大匙
鹽巴	1/4小匙
芝麻油	1/2大匙
大蔥（切碎末）	10g
蒜頭（切碎末）	1/2瓣

作法

1. 在碗中加入溫熱米飯、芝麻油、鹽巴拌勻。
2. 參考P.15的「棒狀油飯糰的捏法」，將作法1的一半份量放在保鮮膜上，捏成棒狀後打開保鮮膜，交互斜放上小黃瓜、清蒸雞肉各一半，再包起保鮮膜塑型。以相同方法捏好另一個。
3. 在碗中加入醋、鹽巴攪拌均勻，再慢慢加入芝麻油混合後加入大蔥、蒜頭做成鹹味醬汁，適量淋於作法2上。

POINT

在鹹味醬汁中加入油後風味更濃郁

在鹹味醬汁中加入油，與不加油相比，風味更濃郁。吃之前輕輕淋一些在配料上即可。

高麗菜金槍魚
「免捏油飯糰 」
韓式海苔飯捲風
「免捏油飯糰 」

高麗菜金槍魚「免捏油飯糰」

脆脆的高麗菜與金槍魚非常對味！
做好一段時間後會變潮濕，
但即便這樣也很美味。

材料（1個份）

高麗菜（切碎末）	80g
金槍魚罐頭	1罐（70g）
鹽巴	1/8小匙
溫熱米飯	150g（1碗份）
芝麻油	1小匙
鹽巴	少許
烤海苔／全形	1片

作法

1. 在平底鍋中加入芝麻油（1小匙，份量另計）以中火加熱，加入高麗菜、金槍魚、鹽巴稍微炒一下。
2. 在碗中加入溫熱米飯、芝麻油、鹽巴攪拌均勻。
3. 參考P.15的「免捏油飯糰的方法」，將作法**2**的一半份量放入容器中，在其上均勻鋪上作法**1**，最後再放上剩下的**2**。
4. 在砧板上鋪上保鮮膜，放上海苔，將海苔整體塗上芝麻油（1/4小匙，份量另計），撒上鹽巴（少許，份量另計），放上**3**後包捲起來，靜置5分鐘左右對半切開即可。

POINT

海苔塗上芝麻油後更具風味、更方便包捲

在烤海苔上塗上芝麻油，可以提升風味。此外，塗抹油後，更濕潤，更容易包捲。要將海苔粗糙的一面朝上，用小湯匙撒上芝麻油後，再用手塗抹推開，這樣最簡便，建議您使用這種方法。

韓式海苔飯捲風「免捏油飯糰」

將韓式海苔飯捲 做成了「免捏油飯糰」。
比正宗的韓式海苔飯捲更易於食用，也更有份量！

材料（1個份）

紅蘿蔔（切成長5cm的碎末）		20g
A	鹽巴	少許
A	熟白芝麻	1/2小匙
A	芝麻油	1/2小匙
牛肉碎末（切成3cm寬）		50g
B	苦椒醬	1/2小匙
B	芝麻油	1小匙
B	醬油	1小匙
B	酒	1小匙
B	砂糖	1/2大匙

溫熱米飯	150g（1碗份）
芝麻油	1小匙
鹽巴	1/8小匙
萵苣（折疊成半）	1片
醃黃蘿蔔（切碎末）	30g
烤海苔／全形	1片

作法

1. 在鍋中煮沸水（適量，份量另計），放入紅蘿蔔汆燙20秒左右，瀝乾水分後與Ⓐ一起放入容器中混合，散去餘熱。
2. 在碗中加入牛肉、Ⓑ後搓揉，醃漬10分鐘左右，之後連湯汁一起放入平底鍋中以中火加熱，炒至牛肉熟透後放入盤中，散去餘熱。
3. 在另一個碗中加入溫熱米飯、芝麻油、鹽巴拌勻。
4. 參考P.15的「免捏油飯糰的方法」，將作法**3**的一半份量放入容器中，在其上按順序均勻鋪上萵苣、作法**1**、瀝乾湯汁的作法**2**、醃黃蘿蔔，最後再放上剩下的作法**3**。
5. 在砧板上鋪上保鮮膜，放上海苔，將海苔整體塗上芝麻油（1/2小匙，份量另計），撒上鹽巴（1/8小匙，份量另計），放上作法**4**後包捲起來，靜置5分鐘左右對半切開即可。

POINT

配料散去餘熱，防止腐壞

製作「免捏油飯糰」時，建議您事先做好配料，並等餘熱散去後再使用。這樣飯糰才不易腐壞。

oil onigiri_natane abura

使用菜籽油 製成的油飯糰

以清淡口感為特徵的菜籽油，
是自古以來就出現在日本人餐桌的油品。
與任何食材都很搭，因此食譜的範圍在不斷擴大。

香脆油炸豆皮油飯糰

香脆的油炸豆皮，
像帽子一樣戴在油飯糰上。
是一款外觀可愛的美味飯糰。

POINT

油炸豆皮的處理方法

將油炸豆皮切去兩角，用手撐開成袋狀，用平底鍋乾烤成脆脆的即可。

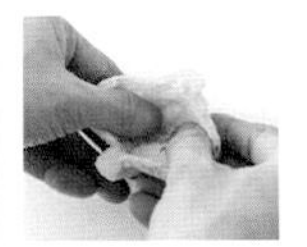

材料（2個份）

油炸豆皮（切去角，做成三角形的袋狀）	2片
溫熱米飯	150g（1碗份）
菜籽油	1小匙
鹽巴	少許
紅生薑（切粗末）	10g
熟白芝麻	1小匙

作法

1. 在平底鍋中放入油炸豆皮以中火加熱，直接乾烤。
2. 在碗中放入溫熱米飯、菜籽油、鹽巴攪拌均勻，再加入紅生薑、熟白芝麻拌勻。
3. 參考P.14的「油飯糰的捏法」，將作法2的一半份量放在保鮮膜上，捏成三角形，再放上作法1的油炸豆皮即可。以相同方法捏另一個。

紅生薑煮油炸豆皮油飯糰

油炸豆皮與紅生薑搭配形成的壽司風味飯糰。
非常適合作為下酒菜或放入便當中。

POINT

何時放入紅生薑？

雖然也可以直接拌入飯糰中，不過捏的時候直接放在保鮮膜的中間，再在上面放置油米飯的話，捏好後紅生薑就在外側，可以帶來不一樣的印象。

材料（2個份）

溫熱米飯	150g（1碗份）
菜籽油	1小匙
鹽巴	少許
油炸豆皮甘辛煮／市售（輕輕瀝乾湯汁，對半切開後切5mm寬。）	1片
熟白芝麻	1小匙
紅生薑（切粗末）	10g

※本書中所使用的是長寬10cm的市售油炸豆皮甘辛煮。

作法

1. 在碗中放入溫熱米飯、菜籽油、鹽巴攪拌均勻，再加入油炸豆皮甘辛煮、熟白芝麻、紅生薑拌勻。
2. 參考P.14的「油飯糰的捏法」，將作法1的一半份量放在保鮮膜上，捏成球狀即可。以相同方法捏另一個。

柚子胡椒煮油炸豆皮油飯糰

加入油炸豆皮甘辛煮後再捏成的飯糰，
與柚子胡椒的辛辣風味十分相配。

POINT

如何自己做甘辛煮？

本次使用的是市售的甘辛煮。如果自己煮的話，將事先已經用開水汆燙5分鐘去除油的8片油炸豆皮（長寬10cm）放入鍋中，加入日式高湯汁200cc、砂糖、味醂（各8小匙）、醬油、酒（各2大匙），再蓋上鍋蓋煮至幾乎沒有湯汁即可（約煮15分鐘）。

材料（2個份）

溫熱米飯	150g（1碗份）
菜籽油	1小匙
鹽巴	少許
油炸豆皮甘辛煮／市售（輕輕瀝乾湯汁，對半切開後切5mm寬。）	1片
熟白芝麻	1小匙
柚子胡椒	1/4小匙

※本書所使用的是長寬10cm的市售油炸豆皮甘辛煮。

作法

1. 在碗中放入溫熱米飯、菜籽油、鹽巴攪拌均勻，再加入油炸豆皮甘辛煮、熟白芝麻、柚子胡椒拌勻。
2. 參考P.14的「油飯糰的捏法」，將作法1的一半份量放在保鮮膜上，捏成球狀即可。以相同方法捏另一個。

竹輪天婦羅 醃黃蘿蔔油飯糰

竹輪天婦羅與醃黃蘿蔔。
兩種不同嚼勁的食材交織帶來美味口感。

材料（2個份）

- Ⓐ 天婦羅粉 1又1/2大匙
- Ⓐ 水 1又1/2大匙
- Ⓐ 青海苔 1/2小匙
- 竹輪（對半豎切） 1條

- 溫熱米飯 150g（1碗份）
- 菜籽油 1小匙
- 鹽巴 少許
- 醃黃蘿蔔（切碎末） 20g

作法

1. 在碗中放入Ⓐ混合製成麵衣，加入竹輪裹上麵衣。以170℃的菜籽油（適量，份量另計）油炸後切成5mm寬。
2. 在碗中放入溫熱米飯、菜籽油、鹽巴攪拌均勻，然後加入1、醃黃蘿蔔拌勻。
3. 參考P. 14的「油飯糰的捏法」，將作法2的一半份量放在保鮮膜上，捏成球狀即可。以相同方法捏另一個。

POINT

以醃黃蘿蔔帶來不同口感

在油飯糰內加入了天婦羅，為了吃起來不會覺得油膩，添加了醃黃蘿蔔，帶來清爽口感。

蛤仔時雨煮 油飯糰

使用時雨煮做成的油飯糰。
散發著讓人懷念的味道。

材料（2個份）

- 溫熱米飯 150g（1碗份）
- 菜籽油 1小匙
- 鹽巴 少許
- 蛤仔時雨煮／市售 20g
- 烤海苔 2片（將全形切成8等分）

作法

1. 在碗中放入溫熱米飯、菜籽油、鹽巴攪拌均勻，然後加入蛤仔時雨煮拌勻。
2. 參考P. 14的「油飯糰的捏法」，將作法1的一半份量放在保鮮膜上，捏成三角形後捲好海苔即可。以相同方法捏另一個。

POINT

海苔放入便當盒的方法

將海苔放入便當盒時不可避免的會出現海苔變軟的情況，如果實在用不好的話，建議您可以將海苔用保鮮膜包好後另外單獨放置。

日式乾咖哩蛋炒飯「免捏油飯糰 」

將粒粒分明的蛋炒飯與日式乾咖哩作為配料製成的「免捏油飯糰 」。
是一款花費工夫做成的超美味免捏飯糰。

材料（1個份）

蛋炒飯

溫熱米飯	150g（1碗份）
Ⓐ 菜籽油	2小匙
Ⓐ 鹽巴	少許
蛋液	1個份
菜籽油	1小匙
鹽巴	少許

日式乾咖哩（方便製作的份量）

菜籽油	1小匙
洋蔥（切碎末）	40g
紅蘿蔔（切碎末）	30g
豬牛絞肉	150g
鹽巴	少許
黑胡椒粗粒	少許
Ⓑ 咖哩粉	1小匙
Ⓑ 番茄醬	1大匙
Ⓑ 蠔油	1大匙
Ⓑ 味醂	1大匙
Ⓑ 日式高湯醬油	1大匙

烤海苔／全形	1片

作法

[1] 炒蛋炒飯

1. 在碗中放入溫熱米飯、Ⓐ攪拌均勻。加入一半蛋液拌勻，放入菜籽油攪拌。

2. 在平底鍋中加入菜籽油（1小匙，份量另計）以中火加熱，加入作法1，用木鏟邊切邊翻炒，再慢慢加入剩下的蛋液，繼續翻炒，最後用鹽巴調味。

[2] 做日式乾咖哩

1. 在平底鍋中加入菜籽油以中火加熱，加入洋蔥、紅蘿蔔翻炒。再加入絞肉、鹽巴、黑胡椒翻炒至絞肉成顆粒狀。

2. 在偏小的容器中放入Ⓑ混合後加入到作法1中稍微煮一下。待餘熱散去後取1/3的量留作配料使用。

[3] 捏飯糰

1. 參考P.15的「免捏油飯糰的方法」，將作法[1]做好的蛋炒飯的一半份量放入容器中，在其上均勻鋪上作法[2]做好的1/3份量的乾咖哩，最後再放上剩下的[1]。

2. 在砧板上鋪上保鮮膜，放上海苔，放上作法1後包捲起來，靜置5分鐘左右對半切開即可。

POINT

粒粒分明的秘訣

在油米飯內加入菜籽油混合後再炒，即可炒出粒粒分明的蛋炒飯。

魚肉香腸油飯糰

小朋友也很喜歡的魚肉香腸。
所以飯糰外觀也用可愛些吧！

材料（2個份）

魚肉香腸（斜切成5mm寬）	1/4條
溫熱米飯	150g（1碗份）
菜籽油	1小匙
鹽巴	少許
烤海苔（將全形切成4等分）	2片

作法

1. 在平底鍋中加入菜籽油（1小匙，份量另計）以中火加熱，加入魚肉香腸翻炒。
2. 在碗中放入溫熱米飯、菜籽油、鹽巴攪拌均勻。
3. 參考P.14的「油飯糰的捏法」，將作法2的一半份量放在保鮮膜上，再放上作法1的一半份量，捏成三角形後捲好海苔即可。以相同方法製作另一個。

POINT

魚肉香腸炒過後再使用

魚肉香腸需要炒過後再作為配料使用，炒過後不僅增加了菜籽油的風味，與未炒過的魚肉香腸相比，更容易保存，放入便當中也很安心。

午餐肉油飯糰

午餐肉飯糰捏好後形狀如圖所示。
增加了菜籽油的作用，
是一款讓肚子和身體都可以獲得滿足的飯糰。

材料（2個份）

午餐肉（切成7mm厚的薄片）	2片
溫熱米飯	150g（1碗份）
菜籽油	1小匙
鹽巴	少許
烤海苔（將全形切成6等分，再橫切一半。）	2片

作法

1. 在平底鍋中加入菜籽油（1小匙，份量另計）以中火加熱，加入午餐肉將其兩面都煎熟。
2. 在碗中放入溫熱米飯、菜籽油、鹽巴攪拌均勻。
3. 參考P.14的「油飯糰的捏法」，將作法2的一半份量放在保鮮膜上，捏成俵型（粗短圓柱體），再將上下稍微壓扁平後放上1片作法1煎好的午餐肉，捲好海苔即可。以相同方法捏另一個。

POINT

午餐肉要煎到何種程度？

在平底鍋中用菜籽油將午餐肉煎至兩面均略微金黃色即可。此外，如果不想攝入太多鹽分的話，可以使用減鹽型午餐肉喔！

明太子天婦羅油飯糰

用海苔包捲明太子，再用青紫蘇葉包捲米飯，帶來清爽口感。

材料(4個份)

Ⓐ	天婦羅粉	2大匙
	水	4小匙
明太子（切成3cm寬）		2個
烤海苔（3x10cm）		2片
溫熱米飯		150g（1碗份）
菜籽油		1小匙
鹽巴		少許
青紫蘇葉（對半豎切）		2片

作法

1. 在碗中放入Ⓐ混合均勻做成麵衣。
2. 在明太子周圍捲好海苔、再裹上作法1製成的麵衣，用170℃的菜籽油（適量，份量另計）炸成天婦羅。
3. 在碗中放入溫熱米飯、菜籽油、鹽巴攪拌均勻。
4. 參考P.14的「油飯糰的捏法」，將作法3的一半份量放在保鮮膜上，在中間部分放入1個作法2製成的天婦羅，再捏成俵型（粗短圓柱體）後對半切開，最後捲上青紫蘇葉即可。以相同方法製作另一個。

POINT

明太子天婦羅的作法

明太子也可以直接生吃，油炸是為了使得風味更醇厚。注意不要讓明太子內部過熟，稍微炸一下即可喔！

鯖魚生薑油飯糰

主要使用飯鍋製成的飯糰。
鯖魚和生薑的香氣激發食慾。

材料(8個份)

米（洗淨後泡水30分鐘，瀝乾水分。）		2量米杯（360cc）
菜籽油		1大匙
Ⓐ	鹽巴	1/5小匙
	醬油	2小匙
	酒	1小匙
	水	400cc
高湯昆布（長寬10cm）		1片
鯖魚／罐頭（瀝乾水分）		1罐（200g）
生薑（去皮切碎末）		20g

作法

1. 在飯鍋的內鍋中放入米，再加入菜籽油全部攪拌均勻，加入Ⓐ後稍微拌一下。在上面放上高湯昆布、鯖魚、生薑後煮熟。煮熟後將米飯攪拌均勻。
2. 參考P.14的「油飯糰的捏法」，將作法1拌好的1/8份量放在保鮮膜上，捏成三角形即可。以相同方法捏另外7個。

POINT

在米中加入油的理由

事先在米中加入油拌勻，煮好的米飯更有光澤，且粒粒分明。

番茄肉醬油飯糰
蛋包飯棒狀油飯糰

番茄肉醬油飯糰

使用市售的番茄肉醬製成的義大利風味飯糰。
加入萵苣及番茄罐頭更加鮮美。

材料（2個份）

溫熱米飯		150g（1碗份）
Ⓐ	菜籽油	1小匙
	鹽巴	少許
	粗粒黑胡椒	少許
	起司粉	1小匙
	番茄肉醬／罐頭	1大匙
萵苣（撕小片）		1/4片
番茄（切成1cm方丁）		1/4個

作法

1. 在碗中放入溫熱米飯、Ⓐ攪拌均勻，然後加入萵苣、番茄拌勻。

2. 參考P.14的「油飯糰的捏法」，將作法1的一半份量放在保鮮膜上，捏成球狀即可。以相同方法捏另一個。

POINT

做成可樂餅飯糰也很美味喔！

將Ⓐ加入溫熱米飯中拌勻，再加入長寬1cm的加工起司（Processed Cheese），捏成球狀。然後按順序裹上低筋麵粉、蛋液、麵包粉，再油炸成可樂餅，也很美味喔！為了讓起司容易融化，可以分成6小個油炸。

蛋包飯棒狀油飯糰

試著將小朋友超愛的蛋包飯做成方便食用的棒狀油飯糰吧！

材料（2條份）

菜籽油	2小匙
洋蔥（切碎末）	20g
火腿（切成1cm方丁）	1片
番茄醬	2大匙
美乃滋	1/2大匙
溫熱米飯	150g（1碗份）
鹽巴	少許
粗粒黑胡椒	少許
薄煎蛋皮 （煎成直徑約25cm，再對半切開）	2片
青豌豆／罐頭	10粒

作法

1. 平底鍋中加入菜籽油以中火加熱，放入洋蔥、火腿翻炒，再加入番茄醬、美乃滋繼續翻炒。

2. 將溫熱米飯加入作法1中繼續翻炒，加入鹽巴、黑胡椒調味。

3. 參考P.15的「棒狀油飯糰的捏法」，將作法2的一半份量放在保鮮膜上，捏成棒狀。

4. 打開保鮮膜將作法3用薄煎蛋皮包捲起來，再包起保鮮膜塑型。將薄煎蛋皮中間部分切開一些，放上5粒青豌豆，最後擠一些番茄醬上去即可。以相同方法製作另一個。

POINT

放入便當盒攜帶時

在裝入便當盒時，為了防止變形，保鮮膜直接包捲著放入就好。直接包著保鮮膜對半斜切開，不僅外觀漂亮，也更方便食用。番茄醬另外單獨放置。

材料（2個份）

菜籽油	1小匙
奶油	5g
蒜頭（切碎末）	1/2瓣
牛絞肉	50g
鹽巴	少許
溫熱米飯	150g（1碗份）
青蔥（橫切）	1根
日式高湯醬油	2小匙
粗粒黑胡椒	少許

作法

1. 平底鍋中加入菜籽油、奶油、蒜頭，以小火加熱，待散出香氣後加入絞肉、鹽巴，以中火翻炒至絞肉變得顆粒分明。
2. 加入溫熱米飯繼續翻炒，再加入青蔥、日式高湯醬油全部攪拌均勻，再以粗粒黑胡椒調味。
3. 參考P. 14的「油飯糰的捏法」，將作法2的一半份量放在保鮮膜上，捏成三角形即可。以相同方法捏另一個。

香蒜牛肉炒飯油飯糰

使用平底鍋炒過後製成的油飯糰。
奶油與蒜頭的香氣讓人食慾大開。

POINT

與奶油合用

菜籽油很清爽，因此為了帶出濃郁香氣而加入奶油。有鹽、無鹽兩種都OK。不過加入奶油後容易燒焦，炒的時候要特別注意喔！

材料（2個份）

溫熱米飯	150g（1碗份）
菜籽油	1小匙
鹽巴	少許

核桃醬

核桃（烤過）	20g
砂糖	1小匙
醬油	1/2小匙
茼蒿葉（切成5mm寬）	8g

作法

1. 在碗中放入溫熱米飯、菜籽油、鹽巴攪拌均勻。
2. 參考P. 14的「油飯糰的捏法」，將作法1的一半份量放在保鮮膜上，捏成扁圓形。以相同方法捏好另一個，然後在平底鍋中加入菜籽油（1小匙，份量另計）以中火加熱，放入飯糰煎至兩面略微金黃色。
3. 在研磨缽中加入核桃磨碎，再加入砂糖、醬油攪拌均勻製成核桃醬。再加入茼蒿葉混合，適量塗抹在作法2上面，放入煎魚燒烤盤上以中火烤5分鐘左右，烤至略微金黃色即可。

POINT

核桃醬的保存方法

核桃醬可以放在冰箱保存1週左右。建議可以多做一些，用水稀釋後製作涼拌菜，或是放在年糕上食用均可。

茼蒿核桃醬油飯糰

充滿濃濃的茼蒿香氣，
以核桃醬作為亮點的鹹甜飯糰。

烤牛排「免捏油飯糰」

含有滿滿牛肉的「免捏油飯糰」。加入了辛香配料，因此出乎意外的清爽喔！
為了方便食用將牛排切成3塊吧！

材料（1個份）

牛腿肉／牛排用	60g
（牛肉表面撒少許鹽（份量另計）預先調味。）	
溫熱米飯	150g（1碗份）
醋	1小匙
砂糖	1/2小匙
鹽巴	1/8小匙
菜籽油	1小匙
青紫蘇葉（對半豎切）	2片
芽蔥（切去根部）	10g（淨重）
蘿蔔苗（切去根部）	5g（淨重）
烤海苔／全形	1片

作法

1. 在平底鍋中加入菜籽油（1小匙，份量另計）以大火加熱，加入牛肉煎至一分熟，切成3等分。
2. 在碗中按順序放入溫熱米飯、醋、砂糖、鹽巴、菜籽油並攪拌均勻。
3. 參考P.15的「免捏油飯糰的捏法」，將作法2的一半份量放入容器中，在上面均勻鋪上青紫蘇葉、作法1、芽蔥、蘿蔔苗，最後再放上剩下的作法2。
4. 在砧板上鋪上保鮮膜，放上海苔，放上作法3後包捲起來，靜置5分鐘後對半切開。

POINT

加醋的油飯糰

為了緩和牛肉的油膩而採用加入了醋的油米飯。此時，為了方便醋融入米飯中，可以先加入醋拌勻後再加入油。

印尼炒飯風味油飯糰

這是將印度尼西亞的米飯料理製成的油飯糰。
豆瓣醬散發出獨特的辣味。

材料（2個份）

A	菜籽油	2小匙
A	櫻花蝦／乾燥	2g
A	蒜頭（切碎末）	1/2瓣
	洋蔥（切碎末）	20g
B	水	1大匙
B	番茄醬	1大匙
B	砂糖	1小匙
B	豆瓣醬	1/2小匙
B	魚露	1/4小匙
	溫熱米飯	150g（1碗份）
	芹菜葉（切1cm寬）	10g
	番茄（切成1cm方丁）	1/4個
	鵪鶉蛋／水煮（對半豎切）	1個

作法

1. 在平底鍋中加入Ⓐ以小火加熱，待散發出香氣後加入洋蔥以中火炒至變軟。
2. 在偏小的容器中加入Ⓑ攪拌均勻，再加入作法1，煮沸。加入溫熱米飯繼續翻炒，再加入芹菜葉、番茄混合。
3. 參考P.14的「油飯糰的捏法」，將作法2的一半份量放在保鮮膜上，捏成扁圓形，將中間部分按壓凹下去，放上1/2個鵪鶉蛋。以相同方式製作另一個。

POINT

活用辣味

為了凸顯「辣味」而使用了較清淡的菜籽油。椰子油可以帶來獨特的香氣，也很美味喔！

Column 1 可以做成飯糰的「身體喜歡」的其他油品

酪梨油

AVOCADO OIL

與橄欖油一樣含有大量油酸

酪梨油如其名所示，是從酪梨果肉中提取出的油品。酪梨作為營養價值世界第一的水果而享有盛名，含有豐富的維生素B2、維生素E、鉀等代表性的營養素。如果將酪梨油像化妝水一樣塗抹於皮膚或頭皮上，則具有優良的保濕等護膚效果。如果攝取入身體內，則在油酸的作用下，可以發揮擊退低密度脂蛋白膽固醇（LDL-C）、預防便秘、預防生活習慣病等效果。現在在大賣場等處還難以買到，不過這是一款特別想讓人加入餐桌的「萬能油品」。

食譜1

酪梨油小白魚乾油飯糰

材料（2個份）

溫熱米飯	150g（1碗份）
Ⓐ 酪梨油	1小匙
Ⓐ 醬油	1/2小匙
Ⓐ 小白魚乾	4g
酪梨薄片（切半）	6片

作法

1. 在碗中加入溫熱米飯、Ⓐ攪拌均勻。
2. 參考P.14的「油飯糰的捏法」，將一半份量放在保鮮膜上，捏成球狀，再在上面放一半份量的酪梨薄片，最後再淋上一些酪梨油（1/4小匙，份量另計）。以相同方式製作另一個。

食譜2

蟹肉棒青紫蘇葉油飯糰

材料（2個份）

溫熱米飯	150g（1碗份）
Ⓐ 酪梨油	1小匙
Ⓐ 鹽巴	少許
蟹肉棒（用手撕成細絲）	2條
青紫蘇葉	2片

作法

1. 在碗中加入溫熱米飯、Ⓐ攪拌均勻。
2. 加入蟹肉棒混合後，參考P.14的「油飯糰的捏法」，將一半份量放在保鮮膜上，捏成扁圓形，再在上面放上青紫蘇葉即可。以相同方式製作另一個。

oil onigiri_**olive oil**

使用橄欖油
製成的油飯糰

一起來用橄欖油製作義大利風味飯糰吧！
推薦您使用香氣怡人的冷壓初榨橄欖油。

迷迭香油飯糰

青橄欖鹹飯糰

鹹檸檬油飯糰

青橄欖鹹油飯糰

這是一款使用了大量橄欖果實
及橄欖油製成的油飯糰。

材料（2個份）

溫熱米飯	150g（1碗份）
冷壓初榨橄欖油	1小匙
鹽巴	1/8小匙
綠橄欖／無籽	6顆

作法

1. 在碗中放入溫熱米飯、橄欖油、鹽巴攪拌均勻，然後加入綠橄欖拌勻。
2. 參考P. 14的「油飯糰的捏法」，將作法1的一半份量放在保鮮膜上，捏成球狀即可。以相同方法捏另一個。

POINT

推薦使用綠橄欖

直接放入整顆橄欖果實，能讓您享受食材本身的味道。因此，比起味道濃郁的黑橄欖，還是清爽的綠橄欖比較好。

迷迭香油飯糰

這是一款稍顯成熟的飯糰，
能夠讓您盡享迷迭香和橄欖油的美味。

材料（2個份）

溫熱米飯	150g（1碗份）
冷壓初榨橄欖油	1小匙
鹽巴	1/8小匙
迷迭香／乾燥	1/2小匙
檸檬薄片（將一片檸檬8等分）	2片
粗粒黑胡椒	少許

作法

1. 在碗中放入溫熱米飯、橄欖油、鹽巴攪拌均勻，然後加入迷迭香拌勻。
2. 參考P. 14的「油飯糰的捏法」，將作法1的一半份量放在保鮮膜上，捏成球狀，再在上面放1片檸檬薄片，撒上一些粗粒黑胡椒即可。以相同方法製作另一個。

POINT

也推薦捏成小型飯糰

本款飯糰在各式派對場合也會大受歡迎。推薦作為派對手指食物，捏成偏小的飯糰後盛在盤子內。

鹹檸檬油飯糰

油品與人氣調味料的完美結合。
酸味與橄欖油的香氣帶來清爽口感。

材料（2個份）

溫熱米飯	150g（1碗份）
冷壓初榨橄欖油	1小匙
鹹檸檬／市售	1小匙

作法

1. 在碗中放入溫熱米飯、橄欖油攪拌均勻，然後加入鹹檸檬混合拌勻。
2. 參考P. 14的「油飯糰的捏法」，將作法1的一半份量放在保鮮膜上，捏成三角形即可。以相同方法捏另一個。

POINT

鹹檸檬具有美容效果

鹹檸檬的皮中含有的多酚具有抑制血糖值升高的效果，與維生素C一起具有抑制氧化的作用。與橄欖油一起攝取，可以期待其美容效果的食品。

烤卡門貝爾起司咖哩油飯糰

卡門貝爾起司與花椰菜煎過後香氣四溢。

材料（2個份）

溫熱米飯 150g（1碗份）

Ⓐ
- 冷壓初榨橄欖油 1小匙
- 鹽巴 少許
- 咖哩粉 1/4小匙

卡門貝爾起司 20g（切半）

花椰菜 20g（切半，汆燙後瀝乾水分）

POINT

煎配料的方法

為了讓花椰菜和融化的卡門貝爾起司黏在一起，需要輕輕按壓開。煎至兩面略微金黃即可。

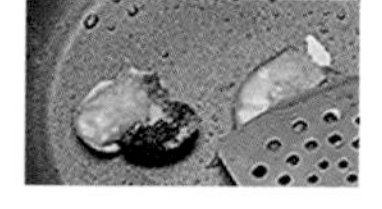

作法

1. 在碗中放入溫熱米飯、Ⓐ攪拌均勻。
2. 參考P. 14的「油飯糰的捏法」，將作法1的一半份量放在保鮮膜上，捏成扁圓形。以相同方法捏另一個。
3. 在平底鍋中加入橄欖油（1小匙，份量另計）以中火加熱，放入卡門貝爾起司，在上面放上花椰菜，用鍋鏟從上面輕輕按壓開，煎至兩面略微金黃後放在作法2上面即可。

毛豆與塊狀培根油飯糰

直接加入了顆粒黑胡椒，是一款稍顯成熟的飯糰。

材料（2個份）

培根／塊狀 15g（切成1cm方丁）

溫熱米飯 150g（1碗份）

冷壓初榨橄欖油 1小匙

鹽巴 少許

毛豆／冷凍 15g（淨重）（解凍後從豆莢中取出豆子）

黑胡椒／顆粒 10粒

作法

1. 在平底鍋中放入培根以中火加熱，翻炒至兩面略微金黃。
2. 在碗中放入溫熱米飯、橄欖油、鹽巴攪拌均勻，然後加入作法1，毛豆、黑胡椒混合拌勻。
3. 參考P. 14的「油飯糰的捏法」，將作法2的一半份量放在保鮮膜上，捏成球狀即可。以相同方法捏另一個。

POINT

煎培根的方法

為了充分發揮橄欖油的風味，用廚房餐巾紙將培根滲出的多餘油分吸乾。之後再作為配料與油米飯拌勻。

黑橄欖番茄乾油飯糰

加工起司（Processed Cheese）大大激發出了番茄與橄欖的甜味。

材料（2個份）

溫熱米飯	150g（1碗份）
冷壓初榨橄欖油	1小匙
鹽巴	少許
粗粒黑胡椒	少許
黑橄欖／無籽（切薄片）	3粒
番茄乾／油漬（切成5mm方丁）	10g
加工起司（切成5mm方丁）	10g

作法

1. 在碗中放入溫熱米飯、橄欖油、鹽巴、黑胡椒攪拌均勻，然後加入黑橄欖、番茄乾、加工起司拌勻。
2. 參考P.14的「油飯糰的捏法」，將作法1的一半份量放在保鮮膜上，捏成球狀即可。以相同方法捏另一個。

POINT

番茄乾以油漬番茄較好

為了比油米飯更容易入味而使用了油漬番茄乾。如果無法準備油漬番茄乾的話，使用風乾番茄或小番茄也很美味喔！

鯷魚玄米油飯糰

發揮了鯷魚鹹味的飯糰。
充分咀嚼享受玄米的香甜吧！

材料（2個份）

溫熱玄米飯	150g（1碗份）
冷壓初榨橄欖油	1小匙
鯷魚／肉片（切成1cm寬）	8g

作法

1. 在碗中放入溫熱玄米飯、橄欖油攪拌均勻，然後加入鯷魚拌勻。
2. 參考P.14的「油飯糰的捏法」，將作法1的一半份量放在保鮮膜上，捏成球狀即可。以相同方法捏另一個。

POINT

玄米的吸水時間

與白米相比，玄米需要延長吸水時間。若可以的話，浸泡一整晚充分吸收水分後再煮熟，這樣最理想。

葡萄乾絞肉油飯糰

孜然的辛辣香氣能夠凸顯出肉品的多汁
與葡萄乾的甜味。

材料（2個份）

冷壓初榨橄欖油		1小匙
洋蔥（切碎末）		15g
牛豬混合絞肉		40g
A	葡萄乾	5g
	孜然	少許
	巴西利（切碎末）	1g
溫熱米飯		150g（1碗份）
鹽巴		少許
粗粒黑胡椒		少許

作法

1. 在平底鍋中加入橄欖油以中火加熱，放入洋蔥翻炒。炒軟後加入絞肉炒至變色，再加入A繼續翻炒。
2. 將溫熱米飯加入作法1中繼續翻炒，再加入鹽巴、黑胡椒調味。
3. 參考P.14的「油飯糰的捏法」，將作法2的一半份量放在保鮮膜上，捏成三角形即可。以相同方法捏另一個。

POINT

加入孜然的方法

孜然一般被用於增加咖哩香氣的香料，稍微炒過後香氣會更濃郁。

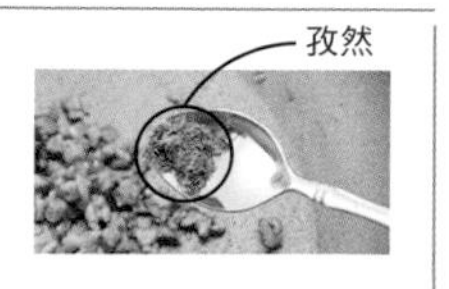

香蒜洋菇油飯糰

這是一款用蒜頭將切得偏大塊的洋菇炒香後
作為配料的飯糰。

材料（2個份）

A	冷壓初榨橄欖油	1小匙
	奶油	5g
	蒜頭（切碎末）	1/2瓣
洋菇（切成4等分）		2個
巴西利（切碎末）		1g
鹽巴		少許
溫熱米飯		150g（1碗份）
B	冷壓初榨橄欖油	1小匙
	鹽巴	少許

作法

1. 在平底鍋中加入A以小火加熱，散發出香氣後加入洋菇仔細翻炒，再加入巴西利拌勻，最後以鹽巴調味。
2. 在碗中放入溫熱米飯、B攪拌均勻，再加入作法1後繼續拌勻。
3. 參考P.14的「油飯糰的捏法」，將作法2的一半份量放在保鮮膜上，捏成球狀即可。以相同方法捏另一個。

POINT

用小火慢慢翻炒

用小火慢慢翻炒才可以凸顯出洋菇的香氣。一直炒到洋菇變軟為止，期間要注意不要燒焦。

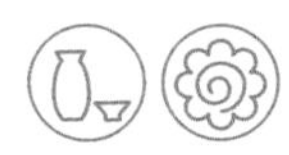

墨西哥肉醬莎莎飯的「免捏油飯糰」

作為配料加入的墨西哥辣味番茄牛肉醬份量十足。
這一個飯糰就可以吃很飽了喔！

材料（1個份）

墨西哥辣味番茄牛肉醬（方便製作的份量）

	冷壓初榨橄欖油	1小匙
	蒜頭（切碎末）	1/2瓣
	洋蔥（切碎末）	30g
A	牛豬混合絞肉	50g
A	鹽巴	少許
A	粗粒黑胡椒	少許
B	混合豆（Mixed Beans）	25g
B	辣椒粉	1又1/2小匙
B	法式清湯／顆粒	1/4小匙
B	番茄罐頭	60g

	溫熱米飯	150g（1碗份）
C	冷壓初榨橄欖油	1小匙
C	鹽巴	少許
	萵苣	1片
	起司薄片	1片
	烤海苔／全形	1片

作法

[1] 製作墨西哥辣味番茄牛肉醬

在平底鍋中加入橄欖油、蒜頭以小火加熱，待散出香氣後加入洋蔥以中火翻炒。變軟後加入Ⓐ炒至絞肉變成顆粒狀，加入Ⓑ稍微煮一下，取一半作為配料使用。

[2] 製作「免捏油飯糰」

1. 在碗中放入溫熱米飯、Ⓒ攪拌均勻。
2. 參考P.15的「免捏油飯糰的方法」，將作法1的一半份量放入容器中，在上面均勻放上1/2片萵苣、[1]製作好的一半份量。再放上起司薄片、剩下的萵苣，最後放上剩下的作法1。
3. 在砧板上鋪開保鮮膜，放上海苔，將作法2放上去包好，靜置5分鐘後對半切開即可。

POINT

配料使用方便製作的份量

作為配料加入的墨西哥辣味番茄牛肉醬使用方便製作的份量。可於冰箱保存3日左右。剩下的一半份量加入沙拉等料理內食用也很美味喔！

西班牙海鮮燉飯油飯糰

使用飯鍋製作，因此出乎意料地很簡單呢！
配料份量十足，也非常適合派對等場合。

材料（8個份）

混合海鮮		120g
A	白葡萄酒	2小匙
	鹽巴	少許
	粗粒黑胡椒	少許
冷壓初榨橄欖油		2小匙
蒜頭（切碎末）		1瓣
洋蔥（切碎末）		80g
紅甜椒（切成5mm方丁）		20g
米（洗淨泡水30分鐘後瀝乾水分）		2量米杯（360cc）
B	水	400cc
	法式清湯／顆粒	1小匙
	鹽巴	1/8小匙
	番紅花	1小撮

作法

1. 在碗中加入混合海鮮、A後醃漬10分鐘左右。
2. 在平底鍋中加入橄欖油、蒜頭以小火加熱，待散發出香氣放入洋蔥、紅甜椒以中火翻炒，炒至洋蔥變軟後，將作法1連湯汁全部加入後繼續翻炒。
3. 在飯鍋中加入白米、B，稍微攪拌，將作法2瀝乾水分後放在白米上，煮熟後將米飯拌勻。
4. 參考P.14的「油飯糰的捏法」，將作法3拌好的1/8份量放在保鮮膜上，捏成三角形即可。以相同方法捏另外7個。

POINT

炒配料

使用飯鍋做出的西班牙海鮮燉飯可能會水分太多，不過炒過後就能防止這個問題。炒出的湯汁不要加入飯鍋中喔！

蝦肉酪梨奶油起司油飯糰

經常出現在沙拉及涼拌菜中的招牌蝦肉與酪梨的組合，與飯糰也非常對味喔！
加入奶油起司後口味更醇厚。

材料（2個份）

溫熱米飯	150g（1碗份）
冷壓初榨橄欖油	1小匙
鹽巴	少許
去殼蝦肉	3尾
（去除背脊泥腸，撒上鹽巴少許、酒1小匙（均份量另計），蓋上保鮮膜放入微波爐加熱1分鐘，去除餘熱後切1cm寬）	
酪梨（切成1cm方丁）	1/4個份
奶油起司（切成1cm方丁）	30g
檸檬果汁	1小匙

作法

1. 在碗中加入溫熱米飯、橄欖油、鹽巴攪拌均勻。
2. 在另一個碗中加入去殼蝦肉、酪梨、奶油起司、檸檬果汁拌勻，再加入作法1稍微攪拌。
3. 參考P.14的「油飯糰的捏法」，將作法2的一半份量放在保鮮膜上，捏成扁圓形即可。以相同方法捏另一個。

POINT

使用檸檬果汁防止變色

酪梨放置太長時間的話會變黑。為了防止酪梨變色可以加入檸檬果汁。

材料（1個份）

培根（切半）	1片
溫熱米飯	150g（1碗份）
冷壓初榨橄欖油	1又1/2小匙
鹽巴	少許
粗粒黑胡椒	少許
起司粉	1小匙
義大利巴西利（切粗末）	2g
番茄（切成厚7mm的圓圈）	1片
烤海苔／全形	1片

番茄培根「免捏油飯糰」

綠色的義大利巴西利與紅色的培根及番茄
搭配上白色的米飯，形成極具義大利氣息的顏色。

POINT

增加清爽風味

本食譜中的油米飯內加入了義大利巴西利。這是作為提味使用的，因此請盡量使用新鮮的義大利巴西利。

作法

1. 在平底鍋中放入培根以中火加熱，煎至略微金黃色。
2. 在碗中加入溫熱米飯、橄欖油、鹽巴、黑胡椒後攪拌均勻，再加入起司粉、義大利巴西利後拌勻。
3. 參考P.15的「免捏油飯糰的方法」，將作法2的一半份量放入容器中，在其上放上作法1、番茄，最後放上剩下的作法2。
4. 在砧板上鋪開保鮮膜，鋪上海苔，放上作法3後包起來，靜置5分鐘後對半切開。

卡布里沙拉風味油飯糰

模仿義大利料理中的前菜卡布里沙拉製成的油飯糰。

材料（2個份）

溫熱米飯 150g（1碗份）

Ⓐ
- 冷壓初榨橄欖油 1小匙
- 起司粉 2小匙
- 鹽巴 少許
- 粗粒黑胡椒 少許

莫札瑞拉起司（Mozzarella） 2片（切成厚1cm的圓形）

番茄 2片（切成厚1cm的圓形）

九層塔葉 4片

作法

1. 在碗中加入溫熱米飯、Ⓐ攪拌均勻。
2. 參考P.14的「油飯糰的捏法」，將作法1的一半份量放在保鮮膜上，捏成扁圓形即可。以相同方法捏另一個。
3. 在平底鍋中加入橄欖油（1小匙，份量另計）以中火加熱，放入作法2翻炒至兩面略微金黃。
4. 將莫札瑞拉起司（Mozzarella）、番茄放在作法3的上面，蓋上鍋蓋煎一下，待起司稍微融化後放上九層塔葉即可。

POINT

起司要煎多久？

蓋上平底鍋的蓋子，參考照片右邊那樣煎至莫札瑞拉起司（Mozzarella）稍微融化即可完成。

鮭魚櫛瓜棒狀油飯糰

本款飯糰需淋上關鍵的柚子胡椒風味的清爽醬料後再食用。

材料（2條份）

溫熱米飯 150g（1碗份）

冷壓初榨橄欖油 1小匙

鹽巴 少許

煙燻鮭魚 6片（切成5cm寬）

櫛瓜 6片（用削皮刀切薄片，再切成5cm寬）

柚子胡椒醬料

Ⓐ
- 柚子胡椒 1/2小匙
- 醋 2小匙
- 砂糖 1/4小匙

冷壓初榨橄欖油 1小匙

作法

1. 在碗中加入溫熱米飯、橄欖油、鹽巴攪拌均勻。
2. 參考P.15的「棒狀油飯糰的捏法」，將作法1的一半份量放在保鮮膜上，捏成棒狀後打開保鮮膜，交錯斜放上3片鮭魚、櫛瓜，再捲起保鮮膜塑型即可。以相同方法製作另一個。
3. 在偏小的容器內加入Ⓐ拌勻，再慢慢加入橄欖油混合製成醬料，淋適量在作法2上。

POINT

配料的捲法

用手各拿著1片鮭魚和櫛瓜，重疊在一起後放在棒狀油飯糰的上面，這樣做出的飯糰就能具有良好平衡感。

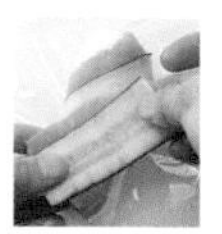

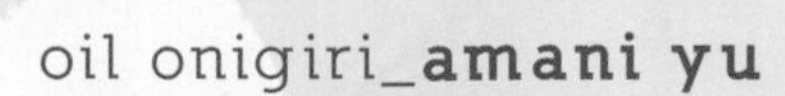

使用亞麻仁油製成的油飯糰

亞麻仁油是不含膽固醇的油品。
據說對美容及健康大有益處，不過加熱後容易氧化而失去效果。
將為您介紹不需加熱即可有效攝取營養的調理方法。

毛豆柴魚片油飯糰

這是一款採用日式食材製成的樸實口感的油飯糰。

材料（2個份）

溫熱米飯	150g（1碗份）
亞麻仁油	1小匙
鹽巴	少許
柴魚片	2g
毛豆／冷凍 （解凍後從豆莢中取出豆子）	15g（淨重）

作法

1. 在碗中放入溫熱米飯、亞麻仁油、鹽巴攪拌均勻，再加入柴魚片、毛豆拌勻。
2. 參考P.14的「油飯糰的捏法」，將作法1的一半份量放在保鮮膜上，捏成三角形即可。以相同方法捏另一個。

POINT

利用柴魚片的甘甜

一般作為飯糰配料而使用的柴魚片，大多數都會淋上醬油，不過柴魚片和油的風味就足夠了，因此本款飯糰未加醬油。

生薑末油飯糰

生薑的清爽感與亞麻仁油的芳香醇厚風味十分對味。

材料（2個份）

溫熱米飯	150g（1碗份）
亞麻仁油	1小匙
生薑末	1小匙
醬油	1/4小匙

作法

1. 在碗中放入溫熱米飯、亞麻仁油攪拌均勻，再加入生薑、醬油拌勻。
2. 參考P.14的「油飯糰的捏法」，將作法1的一半份量放在保鮮膜上，捏成三角形即可。以相同方法捏另一個。

POINT

推薦使用新鮮的生薑

與管狀的生薑末比起來，還是使用新鮮的生薑自己磨成末比較好。如果要使用管狀的生薑末的話，可以多加入一些油和醬油，這樣能夠調和一下管狀生薑的獨特氣味。

海萵苣海苔油飯糰

雖然製作簡單，但只要吃一次就會喜歡上海萵苣味海苔。

材料（2個份）

溫熱米飯	150g（1碗份）
亞麻仁油	1小匙
鹽巴	少許
海萵苣味海苔／乾燥 （大小約長寬5cm）	1片

作法

1. 在碗中放入溫熱米飯、亞麻仁油、鹽巴攪拌均勻，再撕碎海萵苣味海苔撒在上面後拌勻。
2. 參考P.14的「油飯糰的捏法」，將作法1的一半份量放在保鮮膜上，捏成三角形即可。以相同方法捏另一個。

POINT

海萵苣味海苔的份量

本書使用的乾燥海萵苣味海苔具有濃郁的香氣，因此長寬5cm的大小即可享受其風味。用手撕碎後加入油米飯內即可。

櫻桃蘿蔔油飯糰

用醋醃漬的櫻桃蘿蔔具有微微的粉紅色，是很可愛的一款飯糰。

材料（2個份）

醋漬櫻桃蘿蔔（方便製作的份量）

材料	份量
醋	2小匙
砂糖	1小匙
鹽巴	1/4小匙
櫻桃蘿蔔（根切薄片，葉切1cm寬）	2個
溫熱米飯	150g（1碗份）
Ⓐ 亞麻仁油	1小匙
Ⓐ 鹽巴	少許

作法

1. 在碗中放入醋、砂糖、鹽巴混合均勻，再加入櫻桃蘿蔔的根與葉一起醃漬10分鐘以上。
2. 在另一個碗中加入溫熱米飯、Ⓐ攪拌均勻，再加入作法1一半份量的葉子後拌勻。
3. 參考P.14的「油飯糰的捏法」，將作法2的一半份量放在保鮮膜上，捏成球狀，再撕掉保鮮膜後放上5～6片作法1製成的櫻桃蘿蔔根，最後淋上亞麻仁油（1/4小匙，份量另計）即可。以相同方法製作另一個。

POINT

最後再加亞麻仁油

為了提味，可以在最後捏好的飯糰上淋一些亞麻仁油。量的多少可以憑自己喜好，不過請以每個1/4小匙（1//4茶匙）左右為準。

腰果油飯糰

烤過的腰果撒上純辣椒粉，帶來辛辣口感。非常適合當作啤酒的下酒菜。

材料（2個份）

材料	份量
溫熱米飯	150g（1碗份）
亞麻仁油	1小匙
鹽巴	少許
純辣椒粉	1/5小匙
腰果（烤過後切成5mm方丁）	10g

作法

1. 在碗中放入溫熱米飯、亞麻仁油、鹽巴、純辣椒粉攪拌均勻，再加入腰果拌勻。
2. 參考P.14的「油飯糰的捏法」，將作法1的一半份量放在保鮮膜上，捏成球狀即可。以相同方法捏另一個。

POINT

烤腰果的方法

使用烤麵包機無需預熱將腰果烤5分鐘左右。烤至表面略微金黃色即可。

材料（2個份）

溫熱米飯	150g（1碗份）
亞麻仁油	1小匙
鹽巴	少許

涼拌番茄海帶芽（方便製作的份量）

海帶芽／乾燥（用水泡軟後瀝乾水分，切1cm寬）	1g
番茄（切成1cm方丁）	1/4個
柚子醋	1小匙
亞麻仁油	1小匙
柚子胡椒	少許

作法

1. 在碗中放入溫熱米飯、亞麻仁油、鹽巴混合均勻。
2. 在另一個碗中加入涼拌番茄海帶芽的所有材料後拌勻。
3. 參考P.14的「油飯糰的捏法」，將作法1的一半份量放在保鮮膜上，捏成扁圓形，再將中間部分按壓下去一些，放上適量作法2，再放上柚子胡椒即可。以相同方法製作另一個。

POINT

放上配料（涼拌菜）時的注意事項

涼拌番茄海帶芽會滲出湯汁，因此放在油飯糰上時，可以將碗傾斜盡量瀝乾水分喔！

番茄海帶芽油飯糰

配料使用涼拌番茄海帶芽，
具有微微的柚子醋酸味。
推薦在夏天等沒有食慾的時候食用。

材料（2個份）

溫熱米飯	150g（1碗份）
亞麻仁油	1小匙
鹽巴	少許
日本山藥（去皮切薄片）	30g
Ⓐ 鮭魚子（醬油調味）	30g
Ⓐ 亞麻仁油	1又1/2小匙
Ⓐ 醬油	少許
烤海苔（將全形切成6等分）	2片

作法

1. 在碗中放入溫熱米飯、亞麻仁油、鹽巴攪拌均勻。
2. 日本山藥裝入耐熱袋中用手輕輕搓碎後在另一個碗中與Ⓐ一起拌勻。
3. 參考P.14的「油飯糰的捏法」，將作法1的一半份量放在保鮮膜上，捏成扁圓形，將中間部位按壓下去一些，放上作法2的一半份量，捲好海苔即可。以相同方法製作另一個。

POINT

日本山藥用手捏碎

日本山藥將皮去除後切薄片，然後裝入耐熱袋中用手搓碎。因為量少，所以女生也可以輕鬆搓碎。用手搓碎可以形成各種大小，享受獨特口感。

鮭魚子山藥末油飯糰

黏糊香脆的山藥末，
還有Q彈的鮭魚子完美結合，
孕育出新鮮的口感。

牛排棒狀油飯糰
醬油醃漬小松菜棒狀油飯糰

醬油醃漬小松菜棒狀油飯糰

本款飯糰周圍以醬油醃漬過的小松菜包捲，也能讓您盡情享受清脆口感。

材料（2條份）

醬油醃漬小松菜（方便製作的份量）

A	紅辣椒	1/2條
	水	100cc
	醬油	1大匙
	酒	1/2大匙
	砂糖	1/4小匙

小松菜 100g
（用鹽巴水汆燙後浸泡冷水，再瀝乾水分，切成8cm長）

溫熱米飯	150g（1碗份）
亞麻仁油	1小匙
鹽巴	少許

作法

1. 在鍋中放入A，煮沸後關火，放入耐熱容器中，加入小松菜，蓋上保鮮膜醃漬30分鐘以上。
2. 在碗中加入溫熱米飯、亞麻仁油、鹽巴攪拌均勻，再將作法1的小松菜的2條莖瀝乾水分取出，切細後放入米飯中拌勻。
3. 參考P.15的「棒狀油飯糰的捏法」，將作法2的一半份量放在保鮮膜上，捏成棒狀，再打開保鮮膜，將作法1的1片小松菜葉瀝乾水分，然後展開包在飯糰表面，最後再次將保鮮膜捲起來塑型。以相同方法製作另一個。

POINT

小松菜的醃漬方法

醃漬小松菜時，如果時間不夠，可以在容器和小松菜上包上保鮮膜，將其密封，這樣更容易入味。包捲在飯糰上時，要從葉子的部分輕輕展開再慢慢包起來，注意不要弄破了。沒用完的部分可以作為涼拌青菜使用喔！

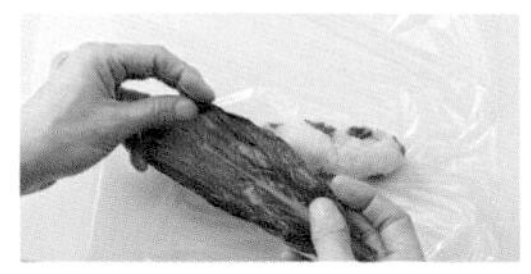

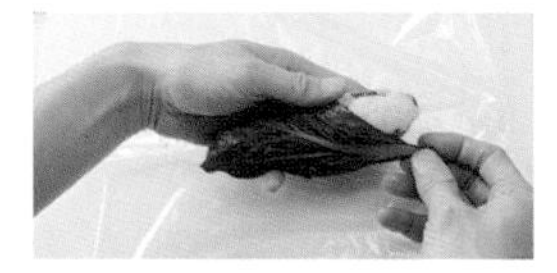

牛排棒狀油飯糰

飯糰上裝飾著豪華的牛排。棒狀的油飯糰，也方便女性食用。

材料（2條份）

菜籽油	1小匙
牛腿肉／牛排用	60g

（先撒上少許鹽巴、粗粒黑胡椒（份量另計）調味）

溫熱米飯	150g（1碗份）
亞麻仁油	1小匙
鹽巴	少許
蒜頭薄片	4片
岩鹽	少許

作法

1. 在平底鍋中加入菜籽油，以大火加熱，加入牛肉煎至一分熟，再切成方便食用的大小。
2. 在碗中放入溫熱米飯、亞麻仁油、鹽巴攪拌均勻。
3. 參考P.15的「長條油飯糰的方法」，將作法2的一半份量放在保鮮膜上，捏成棒狀後打開保鮮膜，放上作法1的一半份量，再次將保鮮膜捲起來塑型。
4. 打開保鮮膜，放上2片煎過的蒜頭薄片，再撒上亞麻仁油（1/4小匙，份量另計）、岩鹽。以相同方法製作另一個。

POINT

煎牛排時使用耐加熱的菜籽油

亞麻仁油不耐加熱，因此煎牛排時使用耐加熱的菜籽油。亞麻仁油在最後完成時用來提味即可。

地瓜雜糧飯油飯糰

越嚼越能感受到雜糧飯與地瓜的甘甜
以及亞麻仁油的風味。

材料（8個份）

米	2量米杯（360cc）
（洗淨後泡水30分鐘左右，再瀝乾水分）	
水	400cc
雜糧	20g
鹽巴	少許
地瓜	100g
（切成1cm方丁，用水稍微浸泡後瀝乾水分）	
亞麻仁油	1大匙

作法

1. 在飯鍋的內鍋中加入米、水、雜糧、鹽巴後混合拌勻，在上面放上地瓜後煮熟，然後加入亞麻仁油攪拌均勻。
2. 參考P.14的「油飯糰的捏法」，將作法1的1/8份量放在保鮮膜上，捏成三角形即可。以相同方法捏另7個。

POINT

地瓜與雜糧

地瓜與雜糧含有豐富的食物纖維。與亞麻仁油的整腸作用相結合，也可以提升美容效果。

鹹醃蘆筍油飯糰

不僅可以品嚐到亞麻仁油本來的風味，
也能夠攝取蘆筍的營養成分。

材料（2個份）

溫熱米飯	150g（1碗份）
亞麻仁油	1小匙
鹽巴	少許
蘆筍	1條
（切掉根部較硬的部分，在沸水中加入鹽巴汆燙一下，切成1cm寬）	

作法

1. 在碗中放入溫熱米飯、亞麻仁油、鹽巴攪拌均勻，再加入蘆筍拌勻。
2. 參考P.14的「油飯糰的捏法」，將作法1的一半份量放在保鮮膜上，捏成球狀即可。以相同方法捏另一個。

POINT

重視口感與方便的捏法

想要兼顧蘆筍的口感與捏飯糰時的方便性，需要合適的大小。以切成1cm寬為標準吧！

水煮銀杏油飯糰

可能一開始會讓人覺得這是適合秋天的飯糰，
不過因為使用水煮銀杏，所以適合任何季節喔！

材料（8個份）

米	2量米杯（360cc）
（洗淨後泡水30分鐘左右，再瀝乾水分）	
鹽巴	1/2小匙
酒	2大匙
水	400cc
高湯昆布（長寬10cm）	1片
銀杏／水煮（切5mm寬）	20粒
亞麻仁油	1大匙

作法

1. 在飯鍋的內鍋中加入米、鹽巴、酒、水混合拌勻，在上面放上高湯昆布、銀杏後煮熟，然後加入亞麻仁油攪拌均勻。
2. 參考P.14的「油飯糰的捏法」，將作法1的1/8份量放在保鮮膜上，捏成俵型（粗短圓柱體）即可。以相同方法捏另7個。

POINT

亞麻仁油也可以只加在要吃的米飯上

如果想要亞麻仁油更香及更具效果，可以不必在煮好的飯上加上所有的亞麻仁油，而是每次將要吃的米飯盛入碗中，淋上亞麻仁油後捏成飯糰。

鱈魚子秋葵油飯糰

鱈魚子與亞麻仁油十分對味！
添加秋葵後顏色也很漂亮。

材料（2個份）

溫熱米飯	150g（1碗份）
亞麻仁油	1小匙
鹽巴	少許
生鱈魚子	2小片（切成2cm寬）
秋葵	1條
（在沸水中加入鹽巴汆燙一下切成5mm寬）	
烤海苔（將全形切成6等分）	2片

作法

1. 在碗中放入溫熱米飯、亞麻仁油、鹽巴攪拌均勻。
2. 參考P.14的「油飯糰的捏法」，將作法1的一半份量放在保鮮膜上，捏成扁圓形，將中間部分按壓下去一些，放上1小片生鱈魚子、1/2條秋葵，捲起海苔，再淋上亞麻仁油（1/4小匙，份量另計）即可。以相同方法製作另一個。

POINT

鱈魚子直接使用生的更美味

為了配合秋葵的口感，直接使用沒有烤過的鱈魚子。在飯糰上按壓一個與鱈魚子差不多大小的凹陷後放入即可。

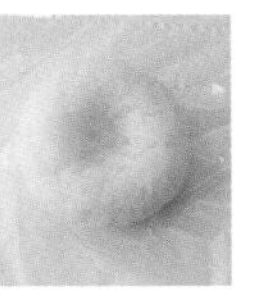

烏賊納豆
「免捏油飯糰」
韭菜雞蛋
「免捏油飯糰」

烏賊納豆「免捏油飯糰」

納豆是植物性蛋白質，健康卻極具滿足感。
是一款也適合瘦身食用的食譜。

材料（1個份）

納豆	1袋（50g）
納豆醬汁／黏在納豆上的醬汁	1袋
亞麻仁油	1小匙
烏賊／生魚片用（切細絲）	30g
香菇（烤過後切成5mm方丁）	1片
溫熱米飯	150g（1碗份）
Ⓐ 亞麻仁油	1大匙
Ⓐ 鹽巴	少許
烤海苔／全形	1片

作法

1. 在碗中加入納豆、納豆醬汁混合拌勻，加入亞麻仁油仔細拌勻，再加入烏賊、香菇後拌勻。
2. 在另一個碗中加入溫熱米飯、Ⓐ混合拌勻。
3. 參考P.15的「免捏油飯糰的方法」，將作法2的一半份量放入容器中，在上面均勻鋪上作法1，再放上剩下的作法2。
4. 在砧板上鋪上保鮮膜，放上海苔，放上作法3後包捲起來，靜置5分鐘左右對半切開即可。

POINT

按納豆醬汁→油的順序添加

亞麻仁油和納豆混合後會難以入味，因此可以先加入納豆醬汁後攪拌均勻，再加入亞麻仁油喔！

韭菜雞蛋「免捏油飯糰」

韭菜含有大量對皮膚有益的維生素A。
建議趁熱吃喔！

材料（1個份）

韭菜雞蛋

雞蛋	1個
砂糖	1/2小匙
蠔油	1/2小匙
菜籽油	1小匙
韭菜（切成3cm寬）	10g
溫熱米飯	150g（1碗份）
亞麻仁油	1小匙
鹽巴	少許
烤海苔／全形	1片

作法

[1] 製作韭菜雞蛋

1. 在碗中放入雞蛋攪勻，再加入砂糖、蠔油。
2. 在平底鍋中加入菜籽油，以中火加熱，加入韭菜翻炒，再加入作法1，用長筷一邊大大攪動混合，再將材料集中到中央塑型，煎好兩面。

[2] 製作免捏油飯糰

1. 在碗中加入溫熱米飯、亞麻仁油、鹽巴攪拌均勻。
2. 參考P.15的「免捏油飯糰的方法」，將作法1的一半份量放入容器中，再在上面放上[1]的韭菜雞蛋，最後再放上剩下的作法1。
3. 在砧板上鋪開保鮮膜，放上海苔，放上作法2後包起來，靜置5分鐘後對半切開。

POINT

韭菜雞蛋的大小

設想韭菜雞蛋作為配料使用的大小，以能夠放入容器的尺寸最為理想。不過，如果太大的話，可以在容器內折疊一下塑型。

oil onigiri_coconut oil

使用椰子油製成的油飯糰

瘦身、美容、健康的好朋友——椰子油。
也許有人不喜歡椰子油獨特的甘甜香氣，不過本次將從專業角度為大家介紹如何活用這個獨特香氣製成美味的配料及調理方法。

紅蘿蔔油飯糰

紅蘿蔔與松子製成的紅蘿蔔絲（Carottes râpées）是法國家常菜中的經典，這是一款使用這種紅蘿蔔絲當作配料製成的油飯糰。

POINT

將紅蘿蔔切短一些

為了方便捏成飯糰，紅蘿蔔需要比一般的蘿蔔絲切的短一些喔！

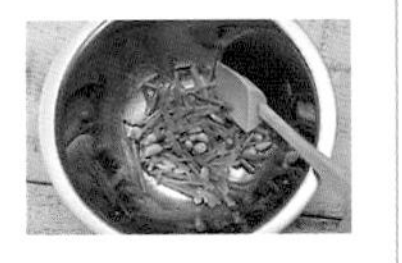

材料（2個份）

A	醋	1小匙
	顆粒芥末醬	1/4小匙
	砂糖	1/4小匙
	鹽巴	少許
	粗粒黑胡椒	少許
	紅蘿蔔（切成長3cm的碎末）	20g
	松子（烤過）	10g
	溫熱米飯	150g（1碗份）
	椰子油	1小匙
	鹽巴	少許

作法

1. 在碗中放入Ⓐ混合後，再加入紅蘿蔔、松子攪拌均勻。
2. 在另一個碗中加入溫熱米飯、椰子油、鹽巴攪拌均勻，再加入作法1拌勻。
3. 參考P.14的「油飯糰的捏法」，將作法2的一半份量放在保鮮膜上，捏成三角形即可。以相同方法捏另一個。

豆豆油飯糰

不管從哪裡咬下去，都是豆豆！是一款超級健康的飯糰！

POINT

用保鮮膜緊緊裹住

因為添加了很多豆豆，所以可能感覺會比較難捏，不過可以在捏成球狀後將保鮮膜的端口轉緊，這樣就不會變形喔！

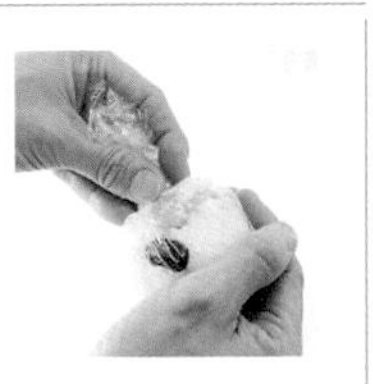

材料（2個份）

溫熱米飯	150g（1碗份）
椰子油	1小匙
鹽巴	少許
混合豆豆／水煮	25g

作法

1. 在碗中放入溫熱米飯、椰子油、鹽巴攪拌均勻，然後加入混合豆豆拌勻。
2. 參考P.14的「油飯糰的捏法」，將作法1的一半份量放在保鮮膜上，捏成球狀即可。以相同方法捏另一個。

日本水菜核桃油飯糰

綠葉蔬菜中的萬能選手加上核桃作為亮點。與椰子油搭配效果加倍，是一款會受身體喜歡的油飯糰。

POINT

讓椰子油入味的方法

椰子油在約25℃以下時會凝固，因此加入溫熱米飯後，一邊讓其融化，一邊與所有米飯拌勻。

材料（2個份）

溫熱米飯	150g（1碗份）
椰子油	1小匙
鹽巴	少許
核桃（烤過後切成1cm方丁）	10g
日本水菜（切成寬1cm）	20g

作法

1. 在碗中放入溫熱米飯、椰子油、鹽巴攪拌均勻，然後加入核桃、日本水菜混合拌勻。
2. 參考P.14的「油飯糰的捏法」，將作法1的一半份量放在保鮮膜上，捏成三角形即可。以相同方法捏另一個。

花椰菜椰子油炸蝦飯糰

炸蝦及米飯內都加入椰子油製成的
南國風炸蝦飯糰。

材料（2個份）

A	天婦羅粉	2大匙
A	水	4小匙
去殼蝦肉（去除脊背黑線）		2尾
花椰菜（切半）		15g
椰子油（油炸用）		4大匙左右
冷麵汁／1:1		1大匙
溫熱米飯		150g（1碗份）
椰子油		1小匙
鹽巴		少許
烤海苔（將全形切成4等分）		2片

作法

1. 在碗中放入Ⓐ混合均勻製成麵衣，再加入蝦肉、花椰菜裹上麵衣。在鍋中加入椰子油（油炸用）以中火加熱，加入蝦肉與花椰菜油炸，炸好後趁熱放入較小容器中，快速淋上冷麵汁。
2. 在另一個碗中加入溫熱米飯、椰子油、鹽巴攪拌均勻。
3. 參考P.14的「油飯糰的捏法」，將作法2的一半份量放在保鮮膜上，再分別各放上一個作法1製成的蝦肉、花椰菜，然後捏成三角形，捲好海苔即可。以相同方法製作另一個。

POINT

油炸的用油量

因為使用少量的椰子油進行油炸，所以請使用能夠浸泡一半配料的小鍋子喔！

海南風雞肉飯油飯糰

將新加坡的名菜製成了飯糰。
還加入了香菜，極具民族風特色。

材料（2個份）

溫熱米飯		150g（1碗份）
A	椰子油	1又1/2小匙
A	鹽巴	少許
A	魚露	1/4小匙
A	檸檬果汁	1/2小匙
香菜（切1cm寬）		2根
清蒸雞肉		1/2條

（在耐熱容器中加入已經去除筋骨的雞胸肉1/2條，再撒少許鹽巴、1小匙酒（份量均另計），蓋上保鮮膜放入微波爐加熱1分鐘。待餘熱散去後用手撕開。）

作法

1. 在碗中放入溫熱米飯、Ⓐ攪拌均勻，然後加入香菜、清蒸雞肉拌勻。
2. 參考P.14的「油飯糰的捏法」，將作法1的一半份量放在保鮮膜上，捏成三角形即可。以相同方法捏另一個。

POINT

雞胸肉與椰子油很相配

此處使用的雞胸肉味道清淡，與香味濃郁的椰子油非常相配。

雞肉沙嗲油飯糰

這是一款添加了印尼風烤雞肉的油飯糰。
花生醬的濃郁香氣成為一大亮點。

材料（2個份）

雞腿肉（切半）	100g
Ⓐ 花生醬	1小匙
Ⓐ 蜂蜜	1小匙
Ⓐ 魚露	1小匙
Ⓐ 砂糖	1/2小匙
Ⓐ 蒜泥	1/2小匙
Ⓐ 辣椒粉	1/8小匙
溫熱米飯	150g（1碗份）
椰子油	1小匙
鹽巴	少許
日本水菜（切5cm寬）	10g
烤海苔（將全形切成6等分，再將6等分後的一片對半切細）	2片

作法

1. 在碗中放入雞肉和Ⓐ，醃漬10分鐘後，放入預熱220℃的烤箱中烤10分鐘。
2. 在碗中加入溫熱米飯、椰子油、鹽巴攪拌均勻。
3. 參考P.14的「油飯糰的捏法」，將作法2的一半份量放在保鮮膜上，捏成俵型（粗短圓柱體），在上面放上一半日本水菜、作法1，再捲好海苔即可。以相同方法製作另一個。

POINT

增添椰子油風味

如果想要為沙嗲也增添椰子油風味的話，可以在烤箱烤過的雞肉上塗抹1小匙左右的椰子油喔！

香菜絞肉油飯糰

用香菜製成流行的泰式打拋雞肉飯。
會讓你上癮的美味。

材料（2個份）

椰子油	1小匙
洋蔥（切碎末）	10g
紅椒（切成5mm方丁）	10g
雞腿肉絞肉	50g
Ⓐ 酒	1小匙
Ⓐ 魚露	1/2小匙
Ⓐ 蠔油	1/2小匙
砂糖	少許
溫熱米飯	150g（1碗份）
香菜（切1cm寬）	2根

作法

1. 在平底鍋中加入椰子油，以中火加熱，放入洋蔥、紅椒翻炒。
2. 加入雞絞肉翻炒至變色，然後加入Ⓐ攪拌均勻，以砂糖調味後再加入溫熱米飯、香菜混合拌勻。
3. 參考P.14的「油飯糰的捏法」，將作法2的一半份量放在保鮮膜上，捏成球狀即可。以相同方法捏另一個。

POINT

也可以用九層塔代替香菜

如果不喜歡香菜的氣味，也可以使用九層塔代替。可以盡情享受九層塔的清爽香氣。

辛辣烏賊油飯糰

辛辣的烏賊與椰子油米飯的甘甜產生出新的美味。

材料（2個份）

Ⓐ	低筋麵粉	1小匙
Ⓐ	辣椒粉	1/4小匙
Ⓐ	鹽巴	少許
Ⓐ	粗粒黑胡椒	少許
烏賊（切成4等分）		30g
溫熱米飯		150g（1碗份）
椰子油		1小匙
鹽巴		少許
烤海苔（將全形切成8等分）		2片

作法

1. 在碗中加入Ⓐ混合，再加入烏賊塗抹。在平底鍋中加入椰子油（1小匙，份量另計），以中火加熱，放入烏賊煎至兩面金黃。
2. 在碗中加入溫熱米飯、椰子油、鹽巴攪拌均勻。
3. 參考P.14的「油飯糰的捏法」，將作法2的一半份量放在保鮮膜上，再放上作法1的一半份量後捏成俵型（粗短圓柱體），再捲好海苔即可。以相同方法製作另一個。

POINT

烏賊的煎法

為了讓烏賊增加椰子油的風味，將在平底鍋中加熱融化的椰子油沾在烏賊上再煎至兩面金黃吧！

小松菜咖哩炒飯油飯糰

以十分對味的咖哩與椰子油，
製成了東南亞風味的炒飯飯糰。

材料（2個份）

豬絞肉（切成1cm寬）	40g
Ⓐ 鹽巴	少許
Ⓐ 粗粒黑胡椒	少許
Ⓐ 酒	1小匙
椰子油	1小匙
洋蔥（切碎末）	40g
小松菜（切2cm寬）	40g
溫熱米飯	150g（1碗份）
椰子油（追加分）	1小匙
咖哩粉	1/2小匙
鹽巴	1/8小匙

作法

1. 在碗中加入豬肉與Ⓐ混合，預先調味。
2. 在平底鍋中加入椰子油，以中火加熱，將作法1連同調味全部放入翻炒。
3. 加入洋蔥翻炒，變軟後加入小松菜快速炒一下。再加入溫熱米飯與追加的椰子油一起翻炒，最後加入咖哩粉、鹽巴後再炒一下即可。
4. 參考P.14的「油飯糰的捏法」，將作法3的一半份量放在保鮮膜上，捏成三角形即可。以相同方法捏另一個。

POINT

追加椰子油的理由

分兩次加入椰子油，大大增加了風味。米飯搭配椰子油後不易黏在一起。

椰子油味噌烤油飯糰

味噌具有美白效果，和椰子油一樣是對美容有益的食品。
椰子油味噌也可像田樂味噌一樣使用。

材料（2個份）

溫熱米飯	150g（1碗份）
椰子油	1小匙
鹽巴	少許

椰子油味噌

調和味噌	1大匙
椰子油	1/2大匙
黍砂糖	1/2大匙
酒	1/2小匙
香橙皮（碎末）	少許

作法

1. 在碗中加入溫熱米飯、椰子油、鹽巴攪拌均勻。
2. 參考P.14的「油飯糰的捏法」，將作法1的一半份量放在保鮮膜上，捏成扁圓形。以相同方法捏好另一個，然後在平底鍋中加入椰子油（1小匙，份量另計），以中火加熱，放入飯糰煎至兩面金黃色。
3. 在另一個碗中加入全部椰子油味噌的材料混合，在作法2的上面塗抹適量，放入煎魚燒烤盤中烤5分鐘左右，烤至金黃色，再放上香橙皮即可。

POINT

充分攪拌均勻

椰子油味噌可以使用刮刀充分攪拌均勻。此外，如果想要增加椰子油風味，可以在此時適量增加椰子油用量喔！

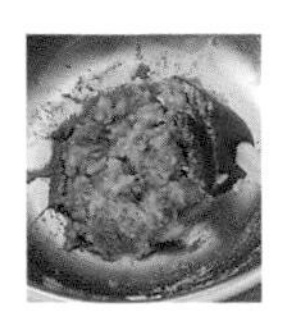

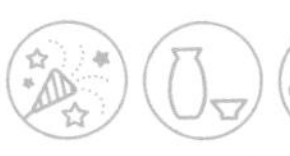

美乃滋蝦肉油飯糰

包捲飯糰時使用萵苣代替烤海苔。
可以用手指抓起來吃的小巧尺寸，更便利！

材料（4個份）

美乃滋蝦肉

Ⓐ	美乃滋	1大匙
	煉乳	1小匙
	椰子油	2小匙
	檸檬果汁	1/2小匙
	鹽巴	少許
	白胡椒	少許
	去殼蝦肉（去除脊背黑線）	4尾
Ⓑ	酒	1小匙
	鹽巴	少許
	白胡椒	少許
	低筋麵粉	適量
	花生（切碎）	15g

溫熱米飯	150g（1碗份）
椰子油	1小匙
鹽巴	少許
萵苣（將1片切半，快速汆燙一下）	4小片

作法

[1] 製作美乃滋蝦肉

1. 在碗中加入Ⓐ混合。

2. 在另一個碗中加入蝦肉、Ⓑ混合，靜置10分鐘左右調味後瀝乾水分，裹上低筋麵粉。在平底鍋中加入椰子油（2小匙，份量另計），以中火加熱，加入蝦肉煎烤。趁熱加入作法1的碗中混合，再加入花生拌勻。

[2] 製作油飯糰

1. 在碗中加入溫熱米飯、椰子油、鹽巴攪拌均勻。

2. 參考P.14的「油飯糰的捏法」，將作法1的1/4份量放在保鮮膜上，捏成扁圓形，將中間按壓一個凹洞，用一小片萵苣包捲住，將[1]製好的1個美乃滋蝦肉放在中間。以相同方法製作另外3個。

POINT

汆燙過的萵苣的捲法

在砧板上切半後，快速汆燙再鋪展開，放上油米飯，繞著側面捲起來，最後將萵苣的尾端插入萵苣和油米飯之間固定住即可。

在這固定萵苣的尾端。

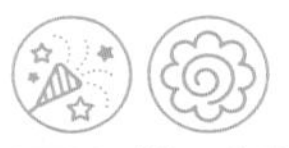

豆漿義大利燴飯漢堡排

以放上了蓮藕片的義大利燴飯當成漢堡小麵包，中間夾上萵苣製成的漢堡排。健康且份量十足。

材料（2個份）

椰子油	1小匙
洋蔥（切碎末）	30g
溫熱米飯	150g（1碗份）
含糖豆漿	100cc
起司粉	5小匙
鹽巴	少許
粗粒黑胡椒	少許
蓮藕（切成厚3mm的薄片）	4片
萵苣（用手撕碎）	1片

作法

1. 在平底鍋中加入椰子油，以中火加熱，加入洋蔥，翻炒至洋蔥變軟後加入溫熱米飯混合均勻。然後加入豆漿後邊攪拌邊煮至水分收乾，加入起司粉，再以鹽巴、黑胡椒調味，散去餘熱。

2. 參考P.14的「油飯糰的捏法」，將作法1的1/4份量放在保鮮膜上，捏成扁圓形。以相同方法捏另3個。

3. 在平底鍋中加入椰子油（1小匙，份量另計），以中火加熱，加入蓮藕快速煎一下兩面後，將作法2放在上面，一邊用鍋鏟輕輕按壓一邊煎至兩面略微金黃。

4. 將兩個作法3重疊在一起，中間夾上萵苣，再用牙籤固定即可。

POINT

蓮藕小麵包的煎法

將蓮藕兩面煎過後，將油米飯放在其上，用鍋鏟輕輕按壓，讓其黏在一起並煎烤。

夏威夷風味Lomi Lomi
「免捏油飯糰」
南蠻雞
「免捏油飯糰」

夏威夷風味Lomi Lomi「免捏油飯糰」

本款免捏油飯糰加入夏威夷醋醃料理「Lomi Lomi」。
使用椰子油提升了夏威夷風味。

材料（1個份）

鮭魚／生魚片用（切成1cm方丁）	50g
酪梨（切成1cm方丁）	1/4個
洋蔥（切碎末）	10g
紅甜椒（切成5mm方丁）	10g
Ⓐ 鹽巴	1/8小匙
Ⓐ 粗粒黑胡椒	少許
Ⓐ 檸檬果汁	1小匙
溫熱米飯	150g（1碗份）
椰子油	1小匙
鹽巴	少許
烤海苔／全形	1片

作法

1. 在碗中加入鮭魚、酪梨、洋蔥、紅甜椒、Ⓐ混合均勻，靜置10分鐘。
2. 在碗中加入溫熱米飯、椰子油、鹽巴攪拌均勻。
3. 參考P.15的「免捏油飯糰的方法」，將作法2的一半份量放入容器中，在其上均勻鋪上作法1，最後再放上剩下的作法2。
4. 在砧板上鋪上保鮮膜，放上海苔，放上作法3後包捲起來，靜置5分鐘左右對半切開即可。

POINT

需事先了解的有效成分

鮭魚中含有的「蝦青素」成分，具有很強的抗氧化作用。與椰子油一起攝取，可以期待帶來更多的美容效果。

南蠻雞「免捏油飯糰」

雞肉含有豐富的膠原蛋白，與椰子油一起攝取可以大大提升美肌效果。
不僅美味還能夠變美，真的太讓人欣喜了。

材料（1個份）

南蠻雞肉

Ⓐ 醋	20cc
Ⓐ 砂糖	1大匙
Ⓐ 醬油	1大匙
Ⓐ 紅辣椒（切圓圈）	10小片
Ⓑ 低筋麵粉	2大匙
Ⓑ 蛋液	1/2個份
Ⓑ 水	1～2大匙
雞腿肉	60g

（去除多餘脂肪，切成一樣厚度，用叉子在皮上戳幾個洞，撒上一些鹽巴、粗粒黑胡椒（份量均另計））

塔塔醬（方便製作的份量）

水煮蛋（蛋白切碎末，蛋黃用叉子搗碎）	1個
巴西利（切碎末）	4g
洋蔥（切碎末）	20g
醃黃瓜（切碎末）	20g
美乃滋	5大匙
鹽巴	少許
粗粒黑胡椒	少許

溫熱米飯	150g（1碗份）
椰子油	1小匙
鹽巴	少許
萵苣（用手撕小）	1片
烤海苔／全形	1片

POINT

南蠻雞肉要趁熱醃漬

為了容易入味，需將雞肉在剛炸好後就浸泡醃漬喔！

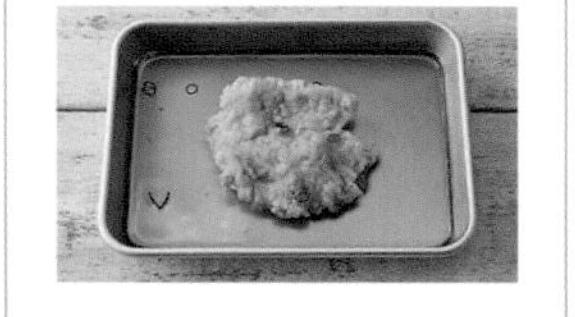

作法

[1] 製作南蠻雞肉

1. 在方型鐵盤內加入Ⓐ。
2. 在碗中加入Ⓑ製成麵衣，加入雞肉裹上麵衣。使用170℃的油（適量，份量另計）進行油炸，趁熱放入作法1中醃漬1分鐘左右，切成3等分。

[2] 製作免捏油飯糰

1. 在碗中加入塔塔醬的所有材料混合均勻。
2. 在另一個碗中加入溫熱米飯、椰子油、鹽巴攪拌均勻。
3. 參考P.15的「免捏油飯糰的方法」，將作法2的一半份量放入容器中，在其上均勻鋪上萵苣、作法1製成的塔塔醬1大匙，再放上[1]的南蠻雞肉，最後放上剩下的作法2。
4. 在砧板上鋪上保鮮膜，放上海苔，放上作法3後包捲起來，靜置5分鐘後對半切開。

炒蛋棒狀油飯糰

本款飯糰使用椰子油製成的炒蛋、加入酪梨與紫蘇粉，頗具醇厚口感。
使用包裝紙包起來則也可成為派對食物。

材料（2條份）

雞蛋 （加入少許鹽巴（份量另計）打散）	1個
溫熱米飯	150g （1碗份）
椰子油	1小匙
鹽巴	少許
酪梨 （切成1cm方丁）	1/4個
美乃滋	適量
紫蘇粉	適量

作法

1. 在平底鍋中加入椰子油（1小匙，份量另計），以中火加熱，加入蛋液後用長筷一邊攪拌一邊製作炒蛋。
2. 在碗中加入溫熱米飯、椰子油、鹽巴攪拌均勻。
3. 參考P.15的「棒狀油飯糰的捏法」，將作法2的一半份量放在保鮮膜上，捏成棒狀後打開保鮮膜，在中間切開一條縫隙，加入作法1的一半份量，再擠上適量美乃滋，撒上紫蘇粉。以相同方法製作另一個。

POINT

棒狀油飯糰的切法

如果切口太淺的話，炒蛋容易撒出來，因此要留下兩端，只把中間切開，形成袋狀。

Column 2

可以做成飯糰的其他「對身體好」的油品

葡萄籽油

GRAPESEED OIL

強烈的抗氧化作用可防止身體及肌膚老化！

這是從葡萄的種子中提取出的油品，主要的脂肪酸為維生素E、油酸及亞油酸。膽固醇含量為0%，且含有大量多酚。此外，據說葡萄籽油還具有幫助體內「防止生鏽」的機能，具有抗衰老效果。幾乎無臭無色，乾爽，與任何食材都好搭配。而且具有優良的耐熱性，加熱調理時效果損失較少。如果不喜歡本書介紹的油品的「氣味」，建議您可以換成本款油品。

食譜1

生火腿油飯糰

材料（2個份）

溫熱米飯	150g（1碗份）
Ⓐ 葡萄籽油	1小匙
Ⓐ 鹽巴	少許
生火腿	2片
醃黃瓜（切薄片）	2片
粗粒黑胡椒	少許

作法

1. 在碗中加入溫熱米飯、Ⓐ攪拌均勻。
2. 參考P. 14的「油飯糰的捏法」，將一半份量放在保鮮膜上，捏成球狀。
3. 在上面放上生火腿、醃黃瓜，再以牙籤固定住，撒上黑胡椒，最後再淋上葡萄籽油（1/4小匙，份量另計）。以相同方式製作另一個。

食譜2

材料（2個份）

溫熱米飯	150g（1碗份）
Ⓐ 葡萄籽油	1小匙
Ⓐ 鹽巴	少許
黑橄欖／無籽（切成5mm方丁）	3粒
紅甜椒（切成5mm方丁）	10g

作法

1. 在碗中加入溫熱米飯、Ⓐ攪拌均勻，然後加入黑橄欖、紅甜椒混合均勻。
2. 參考P. 14的「油飯糰的捏法」，將一半份量放在保鮮膜上，捏成球狀即可。以相同方式捏另一個。

黑橄欖紅甜椒油飯糰

oil onigiri_egoma abura

使用紫蘇籽油 製成的油飯糰

據說紫蘇籽油具有很高的抗衰老效果，可以預防失智症、讓血管「返老還童」等等。
不耐熱，因此炒、煮後會氧化從而減少了健康效果。
將為您介紹盡量不加熱而凸顯出紫蘇籽油效果的飯糰。

烤鮭魚油飯糰

香橙鹽油飯糰

竹筴魚一夜干
油飯糰

烤鮭魚油飯糰

紫蘇籽油的風味讓經典的鮭魚飯糰更加美味。

材料（2個份）

溫熱米飯	150g（1碗份）
紫蘇籽油	1小匙
鹽巴	少許
烤鮭魚（切半）	1/2小片
烤海苔（將全形切成4等分）	2片

作法

1. 在碗中加入溫熱米飯、紫蘇籽油、鹽巴攪拌均勻。
2. 參考P.14的「油飯糰的捏法」，將作法1的一半份量放在保鮮膜上，放上1小片烤鮭魚，捏成三角形，再捲好海苔即可。以相同方法製作另一個。

POINT

讓經典的配菜更美味

烤鮭魚使用的是鹹鮭魚。可以使用自己喜歡的辛辣口味。加上紫蘇籽油的醇厚口感，讓鮭魚的鹹味更濃厚。

香橙鹽油飯糰

簡單的鹹飯糰加上香橙的風味。
清爽的口感會讓您上癮。

材料（2個份）

溫熱米飯	150g（1碗份）
紫蘇籽油	1小匙
鹽巴	1/8小匙
香橙皮／切成2cm方丁（去除白色部分，切細絲後稍微用水 浸泡一下，再瀝乾水分）	4片

作法

1. 在碗中加入溫熱米飯、紫蘇籽油、鹽巴攪拌均勻後加入香橙皮混合拌勻。
2. 參考P.14的「油飯糰的捏法」，將作法1的一半份量放在保鮮膜上，捏成球狀即可。以相同方法捏另一個。

POINT

香橙皮的處理

香橙皮內側的白色部分有強烈的苦味，因此先去除這部分後再切成細絲。為了方便食用盡可能切細一些喔！

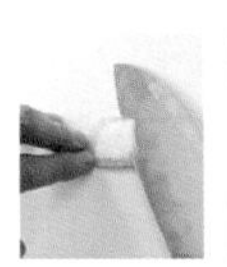

竹莢魚一夜干油飯糰

將竹莢魚一夜干烤過搗碎後加入油米飯中。
青紫蘇葉的香氣成為一大亮點。

材料（2個份）

溫熱米飯	150g（1碗份）
紫蘇籽油	1小匙
鹽巴	少許
竹莢魚一夜干（烤過後取出身體部分，搗碎）	1尾
青紫蘇葉（切碎）	4片
熟白芝麻	1小匙

作法

1. 在碗中加入溫熱米飯、紫蘇籽油、鹽巴攪拌均勻，然後加入竹莢魚一夜干、青紫蘇葉、熟白芝麻後混合拌勻。
2. 參考P.14的「油飯糰的捏法」，將作法1的一半份量放在保鮮膜上，捏成俵型（粗短圓柱體）即可。以相同方法捏另一個。

POINT

與其他油品也很對味

與紫蘇籽油一樣，竹莢魚等青魚內也含有Omega 3（ω-3）脂肪酸，因此一起攝取的話在營養方面效果更加倍。即便替換為同樣含有Omega 3（ω-3）脂肪酸的亞麻仁油（份量與芝麻油同量），也會很美味且不會損失營養。

百合根梅乾油飯糰

以能夠為您帶來美肌和美髮的百合根作為配菜。這是一款可以成為女性好朋友的飯糰。

材料（2個份）

鹽巴	少許
醋	1小匙
百合根（去除鱗片，太大的部分切成方便食用的大小。）	1/2個
Ⓐ 梅肉	1小匙
Ⓐ 味醂	1/2小匙
Ⓐ 醬油	1/2小匙
Ⓐ 紫蘇籽油	1/2小匙
溫熱米飯	150g（1碗份）
紫蘇籽油	1小匙

作法

1. 在鍋中將水煮沸（適量，份量另計），加入鹽巴、醋後，再加入百合根汆燙1分鐘左右，瀝乾水分，趁熱加入碗中與Ⓐ一起混合拌勻。
2. 在作法1的碗中加入溫熱米飯、紫蘇籽油、鹽巴攪拌均勻。
3. 參考P.14的「油飯糰的捏法」，將作法2的一半份量放在保鮮膜上，捏成三角形即可。以相同方法捏另一個。

POINT

將百合根保持白色的方法

汆燙百合根時，在熱水中加入醋，可使得百合根保持漂亮的白色。汆燙後不用泡水，而是直接瀝乾水分。預熱也會透過熱氣，所以重點是汆燙時稍微偏硬一些。

海膽百合根什錦燴飯油飯糰

這是一款使用鍋子烹煮過的海膽製成的奢華飯糰。百合根鬆軟的口感十分美味。

材料（8個份）

米（洗淨後泡水30分鐘左右，瀝乾水分。）	2量米杯（360cc）
Ⓐ 鹽巴	1/5小匙
Ⓐ 薄鹽醬油	1又1/2小匙
Ⓐ 酒	1小匙
Ⓐ 水	400cc
高湯昆布／長寬10cm	1片
百合根（去除鱗片，太大的部分切成方便食用的大小。）	1個
海膽	60g
紫蘇籽油	1大匙

作法

1. 在鍋中加入米、Ⓐ稍微拌勻，再放上高湯昆布、百合根，蓋上鍋蓋，轉中火。
2. 沸騰後打開鍋蓋，加入海膽，再蓋上鍋蓋轉小火煮10分鐘。
3. 煮好後燜10分鐘左右，打開鍋蓋，加入紫蘇籽油與米飯混合拌勻。
   ※此時不要將海膽全部拌入米飯中，取出少許留作裝飾用。
4. 參考P.14的「油飯糰的捏法」，將作法3的1/8份量放在保鮮膜上，捏成球狀。打開保鮮膜，放上裝飾用的海膽，再次捲起保鮮膜，輕輕捏好。以相同方法捏另7個。

POINT

也可以使用飯鍋製作

同樣的份量也可以使用飯鍋製作。使用飯鍋時可以省略燜10分鐘這一步驟。

玉米玄米油飯糰

使用玄米增添了「嚼勁」。
再繼續嚼下去玉米的甘甜會在口中擴散開來。

材料（2個份）

溫熱米飯	150g（1碗份）
紫蘇籽油	1小匙
鹽巴	少許
玉米粒／罐頭裝	2大匙

作法

1. 在碗中加入溫熱玄米飯、紫蘇籽油、鹽巴攪拌均勻，再加入玉米粒拌勻。
2. 參考P.14的「油飯糰的捏法」，將作法1的一半份量放在保鮮膜上，捏成三角形即可。以相同方法捏另一個。

POINT

玉米與玄米的營養

雖然使用的是罐頭裝玉米，但是營養價值與新鮮玉米並無太大差別。玄米與玉米都含有豐富的維生素與礦物質。再加上紫蘇籽油，是一款極具營養的飯糰。烹煮玄米時可以延長泡水時間。

櫻花蝦油炸豆皮油飯糰

能讓您同時享受油炸豆腐片的酥脆口感與
富含鈣質的櫻花蝦的芳香。

材料（2個份）

油炸豆腐皮	1/2片
溫熱米飯	150g（1碗份）
紫蘇籽油	1小匙
鹽巴	少許
櫻花蝦／乾燥	2g

作法

1. 在平底鍋中加入油炸豆腐皮轉中火加熱，乾烤至酥脆後切半，再切成5mm寬。
2. 在碗中加入溫熱米飯、紫蘇籽油、鹽巴混合均勻，然後加入作法1、櫻花蝦混合拌勻。
3. 參考P.14的「油飯糰的捏法」，將作法2的一半份量放在保鮮膜上，捏成俵型（粗短圓柱體）。以相同方法捏另外一個。

POINT

油炸豆腐皮的烤法

不要在平底鍋中加入油，而是直接乾烤至酥脆，像右圖一樣略呈金黃色即可。使用天婦羅麵衣代替也很美味喔！

西洋菜蒲燒秋刀魚油飯糰

使用蒲燒秋刀魚罐頭製成的簡便飯糰。
不可思議的是西洋芹的辛辣與甘甜的醬汁十分對味。

材料（2個份）

- 溫熱米飯 150g（1碗份）
- 紫蘇籽油 1小匙
- 鹽巴 少許
- 蒲燒秋刀魚／罐頭（撕成3cm寬） 1片（50g）
- 西洋菜（切成1cm寬） 2根

作法

1. 在碗中加入溫熱米飯、紫蘇籽油、鹽巴攪拌均勻，再加入蒲燒秋刀魚混合拌勻。散去餘熱後加入西洋菜混合拌勻。
2. 參考P.14的「油飯糰的捏法」，將作法1的一半份量放在保鮮膜上，捏成俵型（粗短圓柱體）即可。以相同方法捏另一個。

POINT

稍微冷卻可防止變色

如果在油米飯熱的時候拌入西洋菜，會導致其變色，因此可以等米飯稍微冷卻後再拌入西洋菜。

清蒸雞肉梅子昆布油飯糰

這是一款味道溫和的飯糰，
能讓你感受到溫暖與和諧。

材料（2個份）

- 溫熱米飯 150g（1碗份）
- 紫蘇籽油 1小匙
- 清蒸雞肉 1/2條
  （在耐熱容器中加入已經去除筋骨的雞胸肉1/2條，再撒少許鹽巴、1小匙酒（份量均另計），蓋上保鮮膜放入微波爐加熱1分鐘。待餘熱散去後用手撕碎。）
- 梅子果乾（去核，撕碎） 1個
- 昆布茶 1/2小匙

作法

1. 在碗中加入溫熱米飯、紫蘇籽油、鹽巴攪拌均勻，再加入清蒸雞肉、梅子果乾、昆布茶混合拌勻。
2. 參考P.14的「油飯糰的捏法」，將作法1的一半份量放在保鮮膜上，捏成三角形即可。以相同方法捏另一個。

POINT

也可以作成湯汁茶泡飯

建議你還可以將完成的油飯糰淋上和風湯汁，作成湯汁茶泡飯，也很美味喔！

水煮鵪鶉蛋風味油飯糰

將偏小的油飯糰一切為二後，可以看見中間部分的鵪鶉蛋。水煮鵪鶉蛋只需蘸冷麵汁即可製成。

材料（4個份）

鵪鶉蛋／水煮	4個
冷麵汁／1:1	4大匙
溫熱米飯	150g（1碗份）
紫蘇籽油	1小匙
鹽巴	少許
烤海苔／全形（切成十字形4等分）	1片

作法

1. 在偏小的容器中加入鵪鶉蛋、冷麵汁醃漬3小時以上。
2. 在碗中加入溫熱米飯、紫蘇籽油、鹽巴攪拌均勻。
3. 鋪上保鮮膜，放上作法2的1/4份量，鋪開成長寬10cm的正方形。在中間放入1個鵪鶉蛋，用飯將鵪鶉蛋包捲住，捏成蛋的形狀，再捲好海苔即可。以相同方法捏另外3個。

POINT

海苔的捲法

將飯糰放置在海苔中心處，將整個飯糰包起來後裹上保鮮膜，使其貼緊。

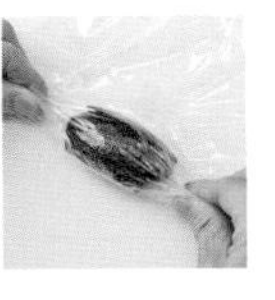

山芹菜棒狀油飯糰

製作時可以將山芹菜按自己喜歡的方式捲在棒狀油飯糰上！

材料（2條份）

山芹菜	4根
溫熱米飯	150g（1碗份）
紫蘇籽油	1小匙
鹽巴	少許
干貝／罐頭（瀝乾水分）	40g
熟白芝麻	1小匙

作法

1. 在鍋中將水煮沸（適量，份量另計），加入鹽巴（少許，份量另計）、山芹菜，稍微汆燙一下，用冷水沖洗一下擰乾水分。
2. 在碗中加入溫熱米飯、紫蘇籽油、鹽巴攪拌均勻，再加入干貝、熟白芝麻混合拌勻。
3. 參考P.14的「棒狀油飯糰的捏法」，將作法2的一半份量放在保鮮膜上，捏成棒狀後打開保鮮膜，放上作法1製成的山芹菜的葉子鋪開，將莖捲在飯糰上。以相同方法捏另外1條。

POINT

捲法隨意，重視外觀！

山芹菜的捲法隨意。推薦你可以採取1條飯糰凸顯出葉子，另一條飯糰凸顯出莖的捲法。

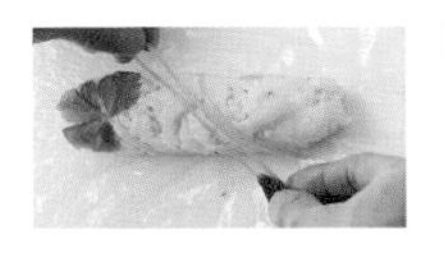

胡椒木味噌烤油飯糰
焦香味噌蔥白烤油飯糰

胡椒木味噌烤油飯糰

將經典烤飯糰與具有紫蘇籽油與胡椒木香氣的白味噌組合，
製成本款美味油飯糰。

材料（2個份）

溫熱米飯	150g（1碗份）
紫蘇籽油	1小匙
鹽巴	少許

胡椒木味噌

白味噌	1大匙
胡椒木（切碎末）	10片
酒	1/2小匙
味醂	1/2小匙

作法

1. 在碗中加入溫熱米飯、紫蘇籽油、鹽巴攪拌均勻。
2. 參考P.14的「油飯糰的捏法」，將作法1的一半份量放在保鮮膜上，捏成三角形。以相同方法捏好另一個，之後在平底鍋中加入菜籽油（1小匙，份量另計）以中火加熱，放入飯糰煎至兩面略微金黃。
3. 在碗中放入胡椒木味噌的所有材料混合，在作法2製作好的飯糰上塗抹適量，放入煎魚燒烤盤中以中火烤約5分鐘，烤至略微金黃色，再分別塗抹紫蘇籽油（1/8小匙，份量另計）即可。

POINT

最後塗上紫蘇籽油

最後塗抹上紫蘇籽油可以更加提升風味。使用湯匙背面塗抹在有味噌的那一面即可。

焦香味噌蔥白烤油飯糰

仔細烤過凸顯出甜味的蔥白與焦香味噌的完美結合，
帶來絕妙的美味。

材料（2個份）

溫熱米飯	150g（1碗份）
紫蘇籽油	1小匙
鹽巴	少許
蔥白（切成3cm寬）	2根

Ⓐ	調和味噌	1大匙
	酒	1小匙

烤海苔	2片

（將全形切成6等分，再將1片豎著對半切開）

作法

1. 在碗中加入溫熱米飯、紫蘇籽油、鹽巴攪拌均勻。
2. 參考P.14的「油飯糰的捏法」，將作法1的一半份量放在保鮮膜上，捏成扁圓形。以相同方法捏另一個。
3. 在平底鍋中加入菜籽油（1小匙，份量另計）以中火加熱，放入作法2的飯糰、蔥白煎至兩面略微金黃。
4. 在碗中加入Ⓐ混合均勻後塗抹適量在作法3的飯糰上，然後放入煎魚燒烤盤中以中火烤約5分鐘，再放上作法3的蔥白，最後在上面捲好海苔即可。

POINT

蔥白放在平底鍋的空白處煎烤

蔥白可以放在烤油飯糰的平底鍋的空白處煎烤，烤3分鐘左右，慢慢烤出甜味。

半熟水煮蛋「免捏油飯糰」

在半熟水煮蛋上添加巴薩米克醋（Aceto Balsamico ）與紫蘇籽油製成的醬汁。
不僅美味，而且能夠增加大腦活性，還能消除疲勞。

材料（1個份）

溫熱米飯	150ｇ（1碗份）
紫蘇籽油	1小匙
鹽巴	少許
萵苣（用手撕小片）	1片
半熟水煮蛋／市售（切半）	1個
烤海苔／全形	1片
Ⓐ 巴薩米克醋	1小匙
Ⓐ 紫蘇籽油	1小匙

作法

1. 在碗中加入溫熱米飯、紫蘇籽油、鹽巴攪拌均勻。
2. 參考P. 15的「免捏油飯糰的方法」，將作法1的一半份量放入容器中，在上面鋪上萵苣、半熟水煮蛋，最後再放上剩下的作法1。
3. 在砧板上鋪開保鮮膜，放上海苔，將作法2放上去包好，靜置5分鐘後對半切開。
4. 在偏小的容器中加入Ⓐ混合均勻，淋在作法3的切口上即可。

POINT

拌勻巴薩米克醋（Aceto Balsamico）與紫蘇籽油

在最後淋的巴薩米克醋（Aceto Balsamico ）內添加紫蘇籽油，可以中和巴薩米克醋（Aceto Balsamico ）的強烈酸味。仔細拌勻後再淋在飯糰上喔！

鮪魚醃黃蘿蔔「免捏油飯糰」

將大賣場內即可買到的鮪魚用紫蘇籽油帶出溫和風味。
再添加醃黃蘿蔔，帶來美味口感。

材料（1個份）

溫熱米飯	150g（1碗份）
醋	1小匙
砂糖	1/2小匙
鹽巴	1/8小匙
紫蘇籽油	1小匙
鮪魚／紅肉生魚片用（切成3等分）	50g
醃黃蘿蔔（切碎）	20g
烤海苔／全形	1片
熟白芝麻	1/4小匙

作法

1. 在碗中按順序加入溫熱米飯、醋、砂糖、鹽巴、紫蘇籽油，且在每次加入時都攪拌均勻。
2. 參考P.15的「免捏油飯糰的方法」，將作法1的一半份量放入容器中，在上面均勻鋪上鮪魚、醃黃蘿蔔，最後再放上剩下的作法1。
3. 在砧板上鋪開保鮮膜，放上海苔，整個塗抹上紫蘇籽油（1/4小匙，份量另計）。
4. 在作法3的上面放上作法2，靜置5分鐘後對半切開，在切口處撒上熟白芝麻即可。

POINT

豐富的DHA

不僅紫蘇籽油內含有DHA，鮪魚內也含有豐富的DHA，據說直接生吃鮪魚最有效果。與紫蘇籽油內的DHA一起攝取，健康效果備受期待。

PROFILE

神田依理子（KANDA ERIKO）

<料理師>
主持料理教室eriko cooking salon。以「為做菜的人與享用料理的人提案出美味又快樂的食譜，以便讓任何人都能喜歡上做菜」為宗旨，在東京的自由之丘開辦了小班制的料理教室。從基本的家常菜到招待客人的料理等，能夠讓學員自己選擇的食譜頗具人氣。同時也為雜誌、企業提供食譜，還為飲食店開發策劃食譜。
HP http://www.eriko-cooking-salon.com/
部落格 http://ameblo.jp/erk-cooking/

      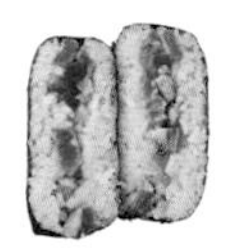 

TITLE

6種健康油做出超好吃飯糰

STAFF

出版 瑞昇文化事業股份有限公司
作者 神田依理子
譯者 黃鳳瓊

總編輯 郭湘齡
文字編輯 黃美玉　徐承義　蔣詩綺
美術編輯 陳靜治
排版 二次方數位設計
製版 明宏彩色照相製版有限公司
印刷 桂林彩色印刷股份有限公司

法律顧問 經兆國際法律事務所　黃沛聲律師

戶名 瑞昇文化事業股份有限公司
劃撥帳號 19598343
地址 新北市中和區景平路464巷2弄1-4號
電話 (02)2945-3191
傳真 (02)2945-3190
網址 www.rising-books.com.tw
Mail resing@ms34.hinet.net

初版日期 2017年8月
定價 250元

ORIGINAL JAPANESE EDITION STAFF

企画・制作 HYOTTOKO production.inc
編集 吉村ともこ　安藤秀子　小谷由紀恵
カバー・本文デザイン・イラスト 川岸歩（川岸歩デザイン制作室）
撮影 河上真純
スタイリング 細井美波
料理アシスタント 奥野恵理
編集ディレクター 渡辺塁
進行 編笠屋俊夫　牧野貴志
撮影協力 UTUWA

國家圖書館出版品預行編目資料

6種健康油做出超好吃飯糰 /
神田依理子作 ; 黃鳳瓊譯. -- 初版. --
新北市 : 瑞昇文化, 2017.08
80 面 ; 18.2公分X25.7公分
ISBN 978-986-401-186-5 (平裝)

1.飯粥 2.食譜

427.35　　106012137